101 Dinge,
die man über Vintage-Uhren wissen muss

Keine Armbanduhr – eine seltene und auffällige Werbung. Mit diesen kuriosen Holzpuppen in Form von Robotern aus den 1940er- und den 1950er-Jahren wurden die technisch modernen und innovativen Mido-Uhren »Multifort« und »Powerwind« beworben. Einer von unzähligen Beweisen für den Ideenreichtum und die Schönheit der Schöpfungen jener Tage, die wir heute als Vintage bezeichnen. Bild: Uhrenmuseum Beyer, Zürich

Stefan Friesenegger

101 Dinge, die man über Vintage-Uhren wissen muss

Inhalt

Vorwort ... 7

1 Warum Vintage? | Eine kritische Betrachtung ... 8
2 Der Charme des Originals | Wenn die Zeit ein wenig stehen bleibt ... 10
3 Vintage-Uhren … | … und ihre Träger ... 12
4 Vintage, nein danke? | … drum prüfet, was man an sich bindet ... 15
5 Insignien der Macht | Stehen Statussymbole vor dem AUS? ... 16
6 Nur eine Blase? | Wertentwicklung – und ihre Beobachtung ... 18
7 Ein Vergleich | Vintage-Uhren vs. Neu-Uhren ... 20
8 Originalverpackung und -papiere | Entscheidender Faktor oder Nebensache? ... 22
9 Spuren aus dem Archiv | »Ein Teil des Vermächtnisses« ... 25
10 »Grenzfälle« | Uhren mit dunkler Vergangenheit ... 28
11 Versicherungs – Schutz | Was tun, um seine Werte zu schützen? ... 30
12 Vorsicht Jagdfieber! | Horror-Trip Uhrenkauf ... 32
13 Nervenkitzel gratis | Vintage-Uhren und Auktionen ... 34
14 Certified Pre-Owned | Eine weitreichende Bedeutung ... 36
15 Uhr-Sachen | ... für unangenehme Fragen vom Finanzamt ... 38
16 Zusätzliche Werte | … oder einfach nur eine schöne Nebensache ... 40
17 Wertanlage Vintage-Uhren | Eine Kapitalanlage der anderen Art ... 42
18 Vintage im Museum | »Mit Beyer auf Zeitreise« ... 45
19 Zeit – Geschichte | Pilgerstätten für Vintage-Liebhaber ... 48
20 Werbe – Kunst | Plakate mit psychologischer Wirkung ... 50
21 Double Signed | Cartier, Gobbi, Tiffany & Co. ... 52
22 »It started with a Mouse« | Rolex auf Abwegen? ... 54
23 Co(ke) – branded | Eine spannende Geschichte ... 55
24 Rätselhafte Uhren | Die Uhren des Sultans von Oman ... 56
25 Geheime Zeichen | Informationen aus der Vergangenheit ... 59
26 Pflege und Erhaltung | Außen hui – und innen? ... 60
27 Authentifizierungsklassen | Die Bewertung von Vintage-Uhren ... 62
28 Live or Let Die? | Used watches – »abgerockte Arbeitstiere« ... 64
29 Ersatzteilsuche | Paradiese in der Servicewüste ... 66
30 Lebensspuren | Können sich Uhren eine Patina leisten? ... 69
31 Wilde Geschichten | Marketing einer anderen Zeit ... 72
32 Gefragt und teuer | Rekordpreise für alte Panerai-Modelle ... 74
33 Urgestalt der Taucheruhr | 1953, ein geschichtsträchtiges Jahr ... 76
34 Diver’s friend | Dicht wie eine Auster ... 78

35 Tauchgewicht | Omega Seamaster 600 81
36 Teurer Name | Compagnie Maritime d'Expertises 82
37 Kompromiss bei gleicher Qualität | Von der Rolex zur Tudor Submariner 84
38 Begehrter »Seefahrer« | Nautilus – Uhr mit Sonderstatus 86
39 IWC Ocean BUND | Eine faszinierende Geschichte 90
40 Klar zur Wende! | … mit mehr als einer Krone 93
41 Der leuchtende Tod | Radium – Gefahr aus Uhren 94
42 Magnet-Schutz | Tausend Gauß – als Maß aller Dinge 96
43 Harte Schale, weicher Kern | IWC Ingenieur, eine Uhr für Techniker 98
44 Entdecker-Uhren | Funktionalität und Vielfalt für Abenteurer 101
45 Mythos Fliegeruhren | Ein Kultobjekt mit zahllosen Geschichten 102
46 Überflieger Mk. 11 | Navigations-Armbanduhr für die RAF 105
47 Die B-Uhr von Laco | Zeitgeschichte mit großen Begehrlichkeiten 107
48 Gutes aus Glashütte | Flieger-B-Uhren 108
49 Allein – stellungsmerkmal | Seltener Eindrücker-Fliegerchronograph 109
50 Für das fliegende Personal | »Armbanduhr mit Doppelstoppeinrichtung« 110
51 Typ 111 | Legende aus den späten 1950ern 111
52 Pionier-Sinn | Spezialuhren mit großem Renommee 113
53 Wer hat das schon? | Ein Prototyp fürs Handgelenk 115
54 Omega wird gewürdigt | Die NASA fliegt mit Comic-Hund ins All 117
55 Omega Flightmaster | Eine Uhr für Piloten und Helden 118
56 Drehbuch zum Erfolg | Die 24 Stunden von Breitling 119
57 Fernab der Omnipräsenz | Uhr mit seltenerem Bekanntheitsgrad 120
58 Mythos Daytona | Eine Uhr, nicht nur für den Rennsport 121
59 Das Erste! | 1969, das Jahr der Chronographen 125
60 Heuer Carrera | Untrennbare Verbindung zum Motorsport 126
61 Big Eyes | Vintage-Vergnügen aus Deutschland 127
62 Eine der Beliebtesten … | On the track, in the air, in the water 128
63 Speedmaster Racing | Red – eine Uhr, die es nicht gibt? 129
64 Charakterkopf … | mit dem Code für die Vergangenheit 130
65 Ikone des Rennsports | … oder wie das Runde ins Eckige kam 131
66 Porsche Design … | und die Erfindung der Farbe Schwarz 133
67 Uhren – TITAN | Die IWC als Vorreiter in Sachen Material 135
68 Kult – Chronograph | Autavia, Mythos und Legende 137
69 Graustufen | Einer der ersten automatischen Chronographen 138
70 Big Block | Die liebenswerte Korpulenz 139

71 Die neue Welle | Identifikationsmerkmal einer Marke 142
72 Turn me around! | Schön und geschützt 143
73 Ganz schön schräg! | Designvariationen der Zwanziger Jahre 145
74 Driver's watches | Vintage-Uhren der anderen Art 146
75 Bugatti am Handgelenk | Ganz spezielle Armbanduhren 147
76 Geheimnisvolle Rolex | Einzelstücke anstelle von Massenprodukten 148
77 Horlogerie exquise | Rolex-»Münzrand«-Chronograph 149
78 Uhr mit Dreh | Cabrio, aber nie offen 150
79 Später Erfolg | Portugieser, Taschen- oder Armbanduhr? 151
80 Umfassend, gesamtheitlich! | Zeit-Maschinen mit begehrten Werken 153
81 Disco Volante | Ausdruck echter Schönheit 154
82 Aushängeschild Calatrava | Eine der begehrtesten Dress Watches 155
83 Eine perfekte Konstellation | »Acht-Sterne-Uhr« von OMEGA 157
84 Cornes de vache | Super-Chronograph der Nachkriegsjahre 158
85 Sehr ungewöhnlich! | Jaeger-LeCoultre mal ganz anders 159
86 Zeit – los | Mode, was ist das? 160
87 Grenzenloser Erfolg | »Spezial-Automatic« in großer Verbreitung 161
88 Verwechslung möglich! | Noch eine »Einfache Stoppuhr« 163
89 »Triple Two« | Mut zur Andersartigkeit 165
90 Bruch der Konventionen | Königliches Flaggschiff 167
91 Kultobjekt | Quantième Perpétuel Automatique 168
92 Cartier Tank | Stilikone und Überlebenskünstlerin 169
93 Mondäner Chic | Ein echter Flugpionier, die Cartier Santos 171
94 Vintage – Quartz | Großes Potenzial trotz Quarzantrieb 173
95 Heuer in der Quarzkrise | Die moderne Form der Zeitmessung 175
96 Die bunte Zeit | Uhren in den schrillen 1970er-Jahren 176
97 James-Bond-Uhren | Vintage Undercover-Zeitmesser 178
98 Russian vintage … | … dank Know-how-Transfer aus den USA 183
99 Vintage-Zubehör | Grenzenlose Sammelgebiete 178
100 Uhr unter Beschuss | Ein Glücksbringer im Feld 185
101 Zurück in die Zukunft | Mit den besten Wünschen! 186

Impressum 192
Literaturverzeichnis 192
Bildnachweis 192

Vorwort

Es gibt viele gute Gründe, Vintage-Uhren zu lieben!

Diese einzigartigen Zeitmesser mit ihrem nostalgischen Charme besitzen ihre Geschichte und sie sind vor allem eines: das Original! Zudem steckt in ihnen neben der Kraft des Erfindergeistes längst auch eine Seele. Als »Zeit-Kapsel« erlauben sie hin und wieder auch einen verklärten Blick auf die eigene Vergangenheit, aus der oftmals nur Gutes hängen geblieben ist. In der Zeitreise wird die Erinnerung an die Unbeschwertheit einer früheren Zeit unseres Lebens wieder wach.

Immer mehr Menschen nehmen Vintage-Uhren als Stilrichtung an. Sie sind längst zu einem angesagten Fashion-Item für das Handgelenk geworden. Vintage-Uhren sind populär. Ihre Träger zeigen sich individuell, zeitlos und sie lehnen die Massenproduktion moderner Modeuhren ab. Heute wecken diese einzigartigen Ikonen zuweilen eine höhere Begehrlichkeit, als das bei aktuellen Neuuhren der Fall ist.

Ob als Wertanlage, als Sammlerstück oder für die tägliche Benutzung, bei guter Pflege werden sie auch weiterhin ein treuer Freund bleiben.

Uhren, die ihren Platz in diesem Buch gefunden haben, sind Beispiele für deren Geschichte und Technik aus einer bewegten Vergangenheit. Sie spielen zudem eine große Rolle in meinem eigenen Leben und faszinierten mich so stark, dass ich sie nie vergessen werde.

Viel Freude mit diesem Buch,
Ihr Stefan Friesenegger
Sei gut zu deiner Uhr!

Allen Uhren- und Juweliergeschäften, Herstellerfirmen, Auktionshäusern und Museen sowie den privaten Uhrenliebhabern, die meine Arbeit zu diesem Buch als Bild- und Informationsgeber unterstützt haben, danke ich herzlich für ihre Bemühungen und ihr Vertrauen!

Warum Vintage?

1

Eine kritische Betrachtung

Überspitzt betrachtet sind moderne Uhren, allen Anstrengungen ihrer Hersteller zum Trotz, nicht oder nur unwesentlich genauer. Ihre Wasserdichtigkeit hat kaum zugenommen und auch sonst sind es noch immer die Armbanduhren, wie wir sie seit Jahrzehnten kennen. Gut, sie sind amagnetischer, kratzfester und salzwasserresistenter. Ihre nachleuchtenden Eigenschaften haben sich deutlich verbessert und dabei ihre Gefährlichkeit verloren. Und noch immer verkaufen die Hersteller neben einer herausragenden Technik vor allem Emotionen.

Entschuldigend sei hier erwähnt, dass sich eine solche Darstellung auf nahezu alle technischen Errungenschaften der Menschheit anwenden lässt. Als sich das erste Flugzeug in den Himmel erhob, stockte den Menschen der Atem – und heute? Die Geburtsstunde der Armbanduhr im eigentlichen Sinne schlug im frühen 20. Jahrhundert. Weitere Entwicklungen waren technische Innovationen und galten als entwicklungsrevolutionäre Neuerscheinungen, welche die Welt bewegten. Das ist sicher auch der Grund dafür, weshalb ihnen heute mehr Respekt entgegengebracht wird, sie waren magisch, Meilensteine des Erfindergeistes und sie wurden schließlich zu Ikonen.

Haben Vintage-Uhren mehr Seele?

Hier drängt sich die Frage auf, warum heute die Nachfrage nach Vintage-Uhren so groß ist? Eine Modeerscheinung scheint es nicht zu sein, dazu hält der Boom schon zu lange an. Ist es die Kraft der Wurzeln oder die Suche nach der Seele einer Uhr? Ist die Gesellschaft auch in puncto Armbanduhren gesättigt oder sehnen wir uns einfach zurück in die »gute alte Zeit«? Betrachtet man die Retrowelle, die auch bei den Uhren im Moment eine große Rolle spielt, so scheint das zu stimmen. Doch was ist der Grund dafür? Die gute wirtschaftliche Lage und der wachsende Wohlstand in der Bundesrepublik der 1950er- und 1960er-Jahre führte zu Zufriedenheit und Glück und die wachsende Wirtschaft brachte zudem unzählige Innovationen und technische Fortschritte hervor – auch bei den Armbanduhren. Wenngleich in den 50er-Jahren noch klein, aus Gold oder wenigstens vergoldet, die Zifferblätter und Gläser mit ihrer charakteristischen Wölbung versehen, wurden aber auch schon Flieger- und Taucheruhren gekauft. Mit den ersten Flugreisen sowie dem aufkommenden Tauchsport entstand das Bedürfnis der Träger, zeigen zu können, welchen Sport sie ausübten.

Alter Wein in neuen Schläuchen?

Hinzu kamen Ereignisse, wie die Mondlandung, weltweit publizierte Tauchexpeditionen oder Filmhelden, die ihre Armbanduhren zeigten. Ihre Uhren vermitteln einen nostalgischen Charme und erzählen Geschichten. All das trägt dazu bei, dass Sammler heute bereit sind, für Vintage-Uhren Spitzenpreise zu bezahlen. Nicht selten ist aber auch die Frage »... was hätten einige Marken heute zu bieten, wenn sie nicht auf den Erfindergeist ihrer Vergangenheit zurückgreifen könnten?« zu hören. Ist zahlreichen Armbanduhren aktueller Modellserien die Individualität verloren gegangen und sind sie, wie unsere Autos vielleicht auch, gesichtslos geworden? Ein alter Wein in neuen Schläuchen und damit nur noch eine Hommage an das Urmodell vergangener Tage? Auf gewisse Weise ist das auch ein Widerspruch in sich selbst.

Zeitgeschichte, die große Begehrlichkeiten hervorruft. Der Ausstrahlung dieser Uhren kann sich kaum einer entziehen! Bild: B-Uhr, Laco/Beyer Chronometrie AG

Der Charme des Originals

Wenn die Zeit ein wenig stehen bleibt

2

Neben dem Gegenständlichen des täglichen Lebens sind zuweilen auch Wortarten der Mode unterworfen und werden fashionable. Unter ihnen lässt sich auch das Adjektiv *vintage* finden. Seine Herkunft wird im Allgemeinen der Weinkunde zugesprochen und entspricht hier einem Jahrgang, aber auch der Lese des Weines. In der Regel wird es jedoch heute auf Dinge aus einer bestimmten Zeit, die klassisch oder alt sind und zuweilen als altmodisch gelten, angewendet.

Aus der englischen Sprache über zahlreiche Bedeutungsvarianten abgeleitet, bezieht sich die Bezeichnung bei Armbanduhren auf eine Zeitgrenze, die mindestens 25 Jahre zurückliegt. Und doch wird immer wieder über die Definition diskutiert. Anhand unterschiedlicher Erklärungsmodelle fallen Uhren, die nicht mehr in den aktuellen Preislisten zu finden sind, in die Kategorie Vintage. Einige Rolex-Liebhaber wiederum sehen den Unterschied in der Kombination von Glas und Leuchtmasse. Sie ordnen Rolex-Uhren mit Plexiglas und Tritium-Leuchtmasse als Vintage ein und solche mit Saphirglas und Tritium-Leuchtmasse als »Neo Vintage«. Absolut präzise lässt sich der Begriff »Vintage« also nicht einordnen, zumal das in einigen Jahren schon wieder anders aussehen wird. Grundsätzlich aber weisen Vintage-Uhren zuweilen eine signifikante Abweichung des Erscheinungsbildes zu ihren Verwandten aus den aktuellen Kollektionen auf und haben mit »Retro-Uhren« nichts zu tun. Vintage-Uhren haben also ihre Jahre auf dem Buckel, sind in der Regel gebraucht und man sieht ihnen die Spuren des Gebrauchs an. Doch nicht alle Vintage-Uhren weisen sichtbare Gebrauchsspuren auf. Noch immer werden alte Uhren in einem ungetragenen Zustand angeboten – im Bestfall als vollständiges Set mit allen Papieren, der Box, mit Siegel und dem Hangtag. Eine Armbanduhr im Zustand »New Old Stock« ist fabrikneu, stammt aus einer Sammlung oder alten Lagerbeständen. Sie kann aber auch aus alten, jedoch original erhaltenen und unbenutzten Ersatzteilen zusammengesetzt worden sein.

Vintage als Stilrichtung

Und genau hier scheiden sich die Geister. Die Mehrzahl, so scheint es, sucht tatsächlich die Patina, die Schrammen und Macken, die auf ein bewegtes Leben einer alten Uhr hinweisen. Damit wurde »Vintage« mit zunehmender Tendenz auch zur Stilrichtung. Vintage-Uhren liegen im

Diese alte Omega mit Gelbgoldgehäuse ist ein Beispiel für den Zustand »NOS«. Sie ist ungetragen und weist bestenfalls leichte Lagerspuren auf. Auch das Originalband trägt noch das Siegel. Bild: Omega

Trend, sie sind aktuell und sie sind zeitlos. Sie haben die Zeit überdauert und bilden heute für viele Hersteller die Design-Grundlage für ihre Retro-Kollektionen. Vintage-Uhren versprühen vor allem den nostalgischen Charme des Originals. Sie erzählen eine Geschichte. Es verwundert daher nicht, dass zahlreiche Modemagazine ihren Lesern eine Vintage-Uhr als durchaus angesagtes Fashion-Item für das Handgelenk empfehlen. Vintage-Uhren sind also populär. Originale in einem gebrauchsfähigen Zustand mit einem originalen Auslieferungsumfang ihrer Zeit erzielen höchste Preise. Hält der Boom an, werden die Preise weiter steigen und Uhren mit geringerer Begehrlichkeit mitziehen. Bestimmte Uhren besitzen, vergleichbar mit gutem Wein, das Potenzial, mit der Zeit immer wertvoller zu werden. Interessant wäre ein Blick in die Zukunft. Werden die heute aktuellen Uhren in ein paar Jahren oder Jahrzehnten auch zu Vintage-Uhren mit einer solchen Begehrlichkeit, wie das aktuell der Fall ist? Übrigens: vɪn·tɪdʒ wird im englischen mit »t«, im amerikanischen weich, also mit »d« gesprochen.

Vintage-Uhren …

… und ihre Träger

3

Unzählige Male wurde die Frage bereits gestellt, was eine Uhr über seinen Träger aussagt. Die Antworten, so richtig oder falsch sie auch immer sein mögen, treffen auf Liebhaber von Vintage-Uhren (beinahe) ebenso zu.

Natürlich sind viele Uhren an den Handgelenken ihrer Besitzer gealtert, also auf diesem Wege von ganz alleine zu einer Vintage-Uhr geworden. Im Wesentlichen sollen hier jedoch die aktiven Käufer einer solchen Uhr betrachtet werden. Sie greifen ja ganz bewußt in die Kiste der Vergangenheit und haben sich dabei etwas gedacht. Den Entscheidungen, eine Vintage-Uhr zu erwerben und zu tragen, gehen ganz unterschiedliche Überlegungen voraus. Für den einen oder anderen sind sie ein Zugang in die Oberklasse der Armbanduhren, da einige Referenzen im gebrauchten Zustand tatsächlich günstiger sind, als das neue Modell vom Juwelier. Dank langer Wartezeiten durch eine enorm steigende Nachfrage bei den überaus raren Lieblingsuhren ist zudem eine Vintage-Uhr in zahlreichen Fällen leichter verfügbar. Für die meisten ist darüber hinaus das Sammeln oder Tragen von Vintage-Uhren vor allem ein Lebensgefühl. Schließlich haben diese Uhren viele Jahre auf ihrem Buckel und können Geschichten erzählen. Hinzu kommen Uhren, die mit persönlichen Erinnerungen in Verbindung gebracht werden, deren Kauf also auf eine sentimentale Grundlage zurückzuführen ist. Der eigene Geburtstag, der Geburtstag eines Kindes, der Hochzeitstag und einiges mehr, können dabei die ausschlaggebende Rolle spielen. Neben diesen emotionalen Gründen und der offensichtlichen Überlegung im Bezug zur Vergangenheit ist der Geschmack an sich ausschlaggebend. Interessanterweise entwickeln sich Uhrenliebhaber zunehmend aufgrund ihres ästhetischen Verständnisses weg von den aktuellen Uhren und hin zu den Ursprüngen gestalterischer Leistungen und den technischen Innovationen vergangener Tage.

Gentleman, Kreativer oder erfolgreicher Businessman?

Die Uhr an einem Handgelenk verrät damit also tatsächlich etwas über ihren Träger. Grundsätzlich lassen sich auf Grundlage der Vintage-Uhren ähnliche Aussagen über deren Träger treffen, als bei den Uhren aktueller Kollektionen. Auch wenn die dabei entstehenden Eindrücke täuschen, ihre Klischees in einigen Fällen unzutreffend sind und unterschied-

Bei Vintage-Fans gefragt: Eine »Red Submariner« von Rolex aus dem Jahr 1972 mit in kräftigem Gelbton gealterter Tritium-Leuchtmasse. Foto: Max Württemberger/heartwork productions

liche Aussagen zu den jeweiligen Uhren unter Umständen einen Widerspruch darstellen, strahlen die Träger mit ihren sich immer wieder gleichenden Kandidaten am Handgelenk dasselbe aus. So ähnlich die Produktpalette von Omega und Rolex auch sein mag, ein Omega-Träger wird immer die Mondlandung von 1969 im Hinterkopf haben. Wer an James Bond denkt, hat wohl als Erstes eine Rolex vor Augen, auch wenn er seit 1995 Omega trägt und dabei ebenfalls eine gute Figur abgibt. Der Omega-Träger steht scheinbar eher auf der Seite der Abenteurer und wird in der Öffentlichkeit »stiller« auftreten. Anders der Rolex-Träger. Er ist sich seiner Marke bewusst. Sie ist in der Regel teuerer als einige andere, trägt wohl den weltweit bekanntesten Markennamen für Uhren und ist für die meisten passend zu jedem Einsatz. Ob Anzug oder Golfdress, mit ihr macht der Träger immer eine gute Figur – und er fällt auf. Hinzu kommt, dass eine Rolex, inzwischen beinahe egal welche, ein gutes Investment darstellt. Ebenfalls sehr augenfällig sind Uhren von Panerai oder Hublot. Beide, vor allem aber eine Hublot, sind nicht gerade preisgünstig. Diese Uhren kommen wuchtig daher und gelten eher als Uhren für Kreative oder extravagante Menschen. Deutlich feiner und grundsätzlich in der Oberklasse angesiedelt sind die Uhren von Patek Philippe. Bei 20.000 Euro für ein

Diese Omega Speedmaster Referenz 2998-5 mit dem Straight-Lug-Gehäuse wurde 1962 an einen Kunden verkauft. Im 39 Millimeter großen Gehäuse tickt das Kaliber 321. Ihr Preis: etwa 24.000 Euro. Bild: © Bulang and Sons

Einsteigermodell, das zudem das jüngere Publikum ansprechen soll, bis hin zu Unikaten mit oder auch ohne Komplikation, die für einen fünf- oder eher sechsstelligen Betrag den Eigentümer wechseln, sind natürlich dem einen oder anderen Grenzen gesetzt. Diese Uhren gehören zu den erlesensten Uhren der Welt, stehen zugleich für Understatement und erlauben es demzufolge nur einem kleinen Kreis, sie am Handgelenk zu tragen. Sie sind nicht laut – wie auch ihre Träger. Und diese sind in aller Regel auch entsprechend gekleidet. In einer ganz anderen Liga spielen Breitling-Träger. Sie finden ihre Uhren schön und es ist ihnen oftmals nicht ganz so wichtig, ob darin ein Manufakturwerk tickt oder nicht. Ihre Uhren sind stabil und sie halten den Bewegungen ihres Lebenswandels stand. Breitling-Uhren lassen sich in der Regel in sportlichen Kreisen finden, bei Menschen, die etwas erreichen. Ähnlich angesiedelt sind sicher auch Uhren von TAG Heuer. Mancher Uhren-Liebhaber aber lässt sich in keine dieser Klischee-Schubladen schieben. Sie interessieren sich für viele und damit unterschiedliche Modelle oder Marken, können sich entweder nicht entscheiden oder kaufen einfach die Uhr, die ihnen gerade gefällt oder günstig zu haben ist. Glücklicherweise sind auch unsere Vintage-Uhren so vielfältig, wie wir Menschen selbst – schließlich ist erlaubt, was gefällt!

Vintage, nein danke?

4

… drum prüfet, was man an sich bindet

Beim Gebrauchtwagenkauf gilt: Möglichst aus erster Hand, wenig Kilometer und nicht besonders alt! Damit erhöht sich die Lebensdauer und der Wert. Im Grunde gilt das auch für Vintage-Uhren. Einzig das Alter ist es, was hier nicht stört, ja im Gegenteil sogar gewünscht ist. Schließlich liegt der besondere Reiz in der Geschichte einer Uhr.

Doch bei Vintage-Uhren geht im Wesentlichen von der Zahl der Vorbesitzer und damit der »Laufleistung« auch ein Risiko aus. Unzählige Uhren sind durch viele Hände gegangen, jeder von ihnen hat sie anders behandelt, bedient und ihnen damit andere Schäden zugefügt. Wie viele Stürze auf den Boden hat eine Vintage-Uhr hinter sich? Wie viele Stöße hat sie schon einstecken müssen, wie oft wurde sie schon geöffnet, mehr oder weniger gut gewartet oder wie viele Jahre musste sie ihr Dasein in einer Schublade fristen? Vintage-Liebhaber müssen also immer mit dem Risiko leben, dass ihre Uhr Schäden aufweist, die irgendwann zu tage treten.

Die Uhr sieht gut aus, doch was ist nicht zu sehen? Vor allem beim Kauf auf Börsen über den Tapeziertisch oder ungeprüft im Internet bestehen Gefahren. Deutlich mehr Sicherheit bieten Auktionshäuser oder Juweliere mit ihren CPO-Angeboten. Bild: Auktionen Dr. Crott

Insignien der Macht

5 Stehen Statussymbole vor dem AUS?

Statussymbole sollen den sozialen Status und den gesellschaftlichen Stand seines Besitzers zum Ausdruck bringen. Das war bisher in jedem Zeitalter so. Doch nun lassen sich die gesellschaftlichen Verfallserscheinungen nicht mehr übersehen. Der Wandel in der Gesellschaft reduziert den sozialen Status, er relativiert ihn nahezu. Durch diesen Wandel und die damit verbundene Zerklüftung unserer Gesellschaft sind viele erst gar nicht mehr in der Lage, das eine oder andere Statussymbol überhaupt zu erkennen. Was einst in der Masse begehrt war, interessiert heute viele nicht mehr. An die Stelle von »Bling Bling« tritt »Öko Bio«. Das Smartphone, so scheint es, ersetzt althergebrachte Statussymbole und ist bereits selbst zu einem geworden. Neue Statussymbole treten an die Stelle bisheriger. Unverändert gilt aber noch die Regel: Was für den einen als Luxus gilt, ist für den anderen geradezu vulgär. Christbaumschmuck an den Fingern oder das Proll-Kettchen am Handgelenk waren in einigen Kreisen noch nie gerne gesehen und sind heute im Grunde vollkommen verpönt. Immer mehr setzen sich daher Luxusgüter durch, die nur von Eingeweihten erkannt werden und zunächst völlig unauffällig wirken. Zur Schau gestellter Luxus führt nicht selten zur Belustigung. Auch für Uhren hat sich längst eine nachhaltige und umweltfreundliche Herkunft durchgesetzt. Gehäuse werden von einigen Herstellern fair produziert und Webarmbänder aus Plastikmüll hergestellt. Vom Müll in unseren Weltmeeren zur Mode. Doch auch diese Produkte kosten Geld und man muss sie sich leisten können. Sie verkörpern schließlich die Ideale dieser Zeit und werden damit ebenfalls exklusiv.

Mein Stil, mein Auto, meine Uhr

Speziell bei den Armbanduhren kann ein hohes soziales Ansehen oder eine Abgrenzung weitaus mehr unter Beweis gestellt werden, indem hochwertige Uhren mit einem für die Masse geringerem Wiedererkennungseffekt getragen werden. Sorgfältig ausgesuchte Uhren – vor allem aus dem Vintage-Bereich – sorgen heute für eine verstärkte Anerkennung. Die zielgruppenspezifische kognitive Verknüpfung hat also an Wert verloren. Dennoch, der Wille zur Abgrenzung bleibt. Gestärkt durch den Vintage-Bereich steht die Uhr als Statussymbol nicht vor dem Aus. Durch sie wird der Luxus am Handgelenk nur anders wahrgenommen. Das haben viele

Eine Rolex Day-Date Referenz 18338 etwa von 1995 mit einem Zifferblatt aus Ammonit, besetzt mit Brillanten – alles andere als dezent und unauffällig. Bild: Beyer Chronometrie AG

Händler längst erkannt und gehen zunehmend darauf ein. Wer heute erfolgreich teure Uhren verkaufen will, muss ihnen eine Geschichte mitgeben, eine, die ihre Besitzer erzählen können. Ein Vintage-Uhrenliebhaber wird daher wesentlich weniger darauf reduziert, dass er mit seiner Uhr seinen Status zur Schau tragen möchte. Wie oft erntet der Träger einer neuen Rolex GMT-Master II oder Submariner die kritische Frage: »Ist die echt?« Auch wenn sich der Status-Gedanke in der Masse auf das Markenimage reduziert, sollte nie vergessen werden, dass sich viele Uhrenbesitzer jeden Tag ehrlich freuen, wenn sie ihre Uhr anlegen. Uhren sind Luxus und werden es bleiben. Und vielleicht will man sie gerade deshalb haben, weil sie im smarten Zeitalter eigentlich keiner mehr braucht.

Nur eine Blase?

6 Wertentwicklung – und ihre Beobachtung

Es gab sie wirklich, Zeiten, in denen Juweliere beispielsweise Rolex-Uhren wie Sauerbier anboten und – man möchte es fast nicht glauben – sogar einen ordentlichen Rabatt beim Kauf anboten. Natürlich sehen das die Marken nicht gerne und entziehen einem Händler unter Umständen die Konzession. 1984 wurden von einem Münchner Juwelier drei Rolex Cosmograph Daytona »Big Red« als Full Set und fabrikneu zusammen für 9.000 Mark offeriert. Diese Handaufzugsuhren werden heute mit über 60.000 Euro oder sogar deutlich darüber gehandelt, pro Stück wohlgemerkt! Das ist natürlich ein Extremfall. Aber bestimmte Modelle folgen diesem Aufwärtstrend.

Damals drückte die Quarzkrise die Preise mechanischer Uhren, besonders dann, wenn sie eine gewisse Größe und vor allem Dicke überschritten. Als sich der Markt wieder etwas beruhigte, trat so etwas wie Normalität ein. Die Preissprünge waren moderat, die Neuerscheinungen hielten sich in Grenzen und die Uhren- und Schmuckmesse in Basel zeigte, was sie konnte. In die Mustermesse von einst zogen Exoten und sogar Swatch-Uhren ein, die Bereiche Wein, Essen und Maschinen verließen die Ausstellungsräume. Bei der Wertentwicklung der Lieblingsuhren gab es nicht viel zu beobachten. Ein erster größerer Trend nach oben, zwar noch harmlos aber sichtbar, zeigte sich noch vor der Jahrtausendwende.

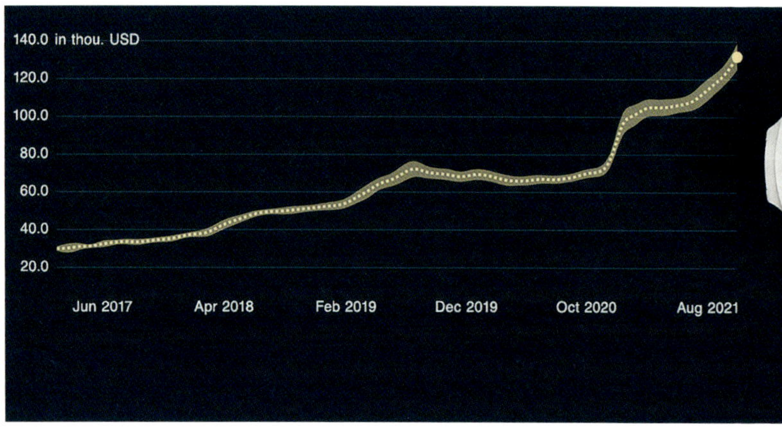

Modelle mit Höhenflug

Gewaltige und unaufhaltsame Sprünge irritieren jedoch seit ein paar Jahren den Markt. Je nach Marke und Modell natürlich. Hier haben sich ein paar Kandidaten herauskristallisiert, deren Höhenflug, so scheint es, kaum noch aufzuhalten ist. Da die Zeiten von Katalogen offensichtlich ihr tatsächliches Ende gefunden haben, lassen sich preisliche Entwicklungen nicht mehr einfach nachschlagen. Wie aber bringt der an der Preisentwicklung seiner Uhren Interessierte seine Leidenschaft in Zahlen? Anhand der aktuellen Preise lassen sich nur die Entwicklungen der Uhren ablesen, deren Trend auf aktuelle Preissteigerungen reduziert bleibt. Doch was ist mit den überproportionalen Preisentwicklungen der Uhren, die sich nicht mehr in den Listenpreisen finden lassen, weil sie zum einen davon galoppiert sind oder zum anderen, weil sie längst nicht mehr produziert werden und daher nicht mehr herstellerseitig nachverfolgt werden können? Der Blick in die Online-Kataloge von Auktionshäusern oder eine Nachfrage bei Juwelieren mit Pre-Owned-Angeboten kann weiterhelfen. Auf diese Weise lässt sich zumindest eine Richtschnur finden.

Wertentwicklungen beobachten

Um sich wirklich mit der Preisentwicklung auseinanderzusetzen, müssen in der Betrachtung über die jeweiligen Jahre auch die unterschiedlichen Gebrauchszustände berücksichtigt werden. Dazu hat die Plattform Chrono24 die »Watch Collection« entwickelt. Mit diesem Tool lassen sich die eigenen Uhren online pflegen und verwalten. Neben der historischen Wertentwicklung der eigenen Sammlung in unbegrenztem Maße lässt sich hier auch die künftige Wertentwicklung nachvollziehen. Zudem lassen sich auch Uhren beobachten, die man noch gar nicht besitzt. Da sich das Tool als App herunterladen lässt, kann die Preisentwicklung der Lieblingsuhren auch von unterwegs eingesehen werden. Dazu müssen nur die Referenznummer oder die Marke, das Modell und der Zustand der Uhr eingegeben werden. So läßt sich schnell und einfach der aktuelle Wert des Sammlerstücks, der Wertanlage sowie einer ganzen Sammlung ermitteln. Durch die Verwendung der internen Daten werden für jede Uhr täglich neue Schätzpreise berechnet.

Ein Beispiel bietet die Plattform Chrono24 mit der Funktion »Watch Collection«. Das Tool bietet den Uhrenliebhabern die Möglichkeit, Preisentwicklungen unterschiedlichster Uhren unter Berücksichtigung der Gebrauchszustände zu beobachten. Bild: Chrono24

Ein Vergleich

7 Vintage-Uhren vs. Neu-Uhren

Wenn in Verbindung mit Armbanduhren regelrechte Hamsterkäufe stattfinden, jedes, ja wirklich jedes Schaufenster der Juweliere leergekauft ist und sogar von einer »Rolex-Krise« in der Hauptstadt Bayerns die Rede ist, dann scheinen einige Probleme vorzuliegen.

Auch wenn eine Knappheit zum Charakter exklusiver Spitzen-Marken gehört, sollte es doch möglich sein, zumindest einen Teil der großen Nachfrage zu befriedigen. Aufgrund dieser besonderen Umstände äußerte sich Rolex zur Situation und versicherte, dass die Knappheit ihrer Produkte keine Strategie sei. Doch ein solches Luxusproblem hat eben auch zur Folge, dass einige Kunden sehr verärgert sind. Nicht gerade selten traten unschöne Situationen bei den autorisierten Fachhändlern zutage. Mitarbeiterinnen und Mitarbeiter wurden beschimpft, teilweise sogar bedroht. Ihre Aufgabe ist es schließlich zu entscheiden, welcher Kunde eine der begehrten Uhren bekommt und welcher nicht. Folglich sahen sich zahlreiche Kunden frustriert nach anderen Marken um oder griffen natürlich alternativ auch zu Uhren aus Vorbesitz und damit vor allem auch zu Vintage-Uhren. Aufschlussreich ist hier die Entwicklung der Verkaufszahlen von Uhren aus Vorbesitz im Verhältnis zu Neu-Uhren.

Vintage-Uhren weiter auf dem Vormarsch

Die Nachfrage nach Uhren ist weiterhin so hoch, wie nie zuvor. Der Run hat sich längst auf den ganzen Erdball ausgedehnt und weitere Modelle noch begehrenswerter gemacht, als ohnehin schon. Für bestimmte Neu-Uhren würden Käufer unmittelbar nach Verlassen des Geschäfts weitaus mehr, in einigen Fällen sogar das Dreifache des Kaufpreises erhalten – vorausgesetzt, er hat die »richtige« Uhr gekauft. Hier stellt sich natürlich die Frage, welche Uhren das sind und welche es vielleicht werden könnten. Im Ranking der »Wertgewinner« und Verlierer treten beinahe selbstverständlich, kleine Schwankungen inbegriffen, die gleichen Kandidaten auf und stehen auf dem Treppchen ganz oben. Wie ein Vergleich der Verkaufszahlen zeigt, haben Uhren aus Vorbesitz gegenüber Neu-Uhren in den vergangenen Jahren deutlich aufgeholt. Vintage-Uhren machen hier sogar einen Großteil aus. Sie werden seit vielen Jahren verstärkt nachgefragt und haben mit dem enormen Anstieg der allgemeinen Nachfrage noch weiter

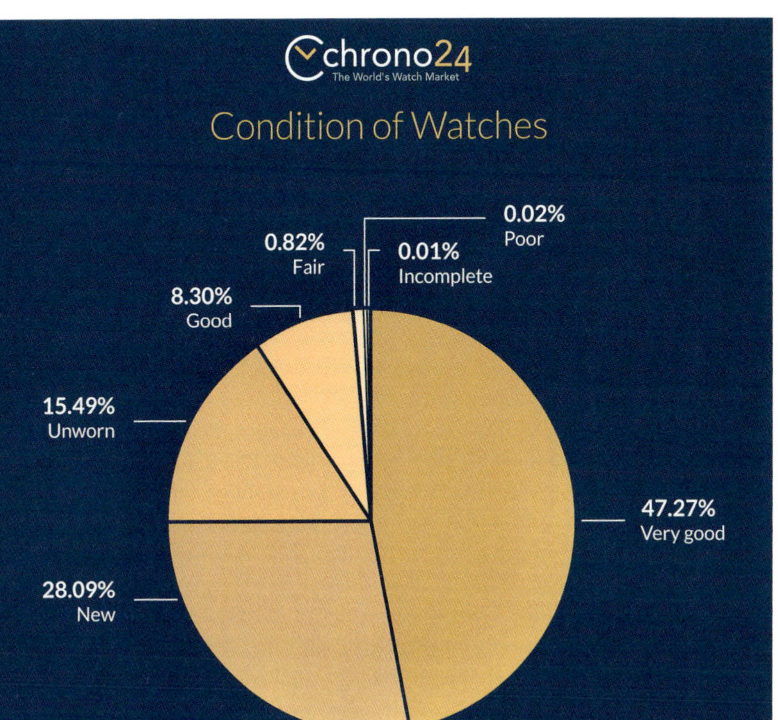

Das Secondhand-Segment hat deutlich zugelegt. Vintage-Uhren verzeichneten ebenfalls einen erheblichen Zuwachs in den vergangenen Jahren. Bild: Chrono24

zugelegt. Das spüren auch die Juweliere und Onlinehändler. Der große Erfolg gibt ihnen dabei recht. Bei einigen ist der Umsatz sogar um bis zu 50 Prozent gestiegen. Grundsätzlich aber steigt die Nachfrage an Vintage-Uhren seit Jahren.

Die größte Rendite: Freude

Bei einer Investition in einen vier- bis fünfstelligen Betrag in Form einer Vintage-Uhr steht für viele jedoch auch das Bewusstsein im Mittelpunkt, sich mit diesen Uhren auf etwas geschichtlich Wertvolles einzulassen. In jedem Fall darf aber bei den richtigen (…) Vintage-Uhren von einer Wertsteigerung oder zumindest von einer Werterhaltung ausgegangen werden. Die größte Rendite jedoch sollte immer die Freude an der Uhr selbst sein, sie ist die stabilste Wertentwicklung, ob Branchenprimus oder nicht.

8 Originalverpackung und -papiere

Entscheidender Faktor oder Nebensache?

Allen Armbanduhren, zumindest ab einem bestimmten Wert, liegen neben der Originalverpackung, Papiere mit Gehäuse- und Werknummern bei, anhand derer die Uhren identifiziert werden können. Ein weiteres sehr wesentliches Identifizierungsmerkmal ist die Originalrechnung.

Berechtigter- und zugleich erstaunlicherweise führt die Frage, wie wichtig eine Originalverpackung und die Papiere zu einer Uhr tatsächlich sind und welchen Einfluss sie auf ihren Wert haben, immer wieder zu kontroversen Diskussionen. Unterschiedliche und teilweise widersprüchliche Meinungen werden seit Jahren unter anderem in zahlreichen Internet-Foren diskutiert. Was vor vielleicht zwei Jahrzehnten teilweise und sogar regelmäßig auf dem Ladentisch der Juweliere zurückblieb, spielt heute eine erhebliche Rolle. Natürlich sind die Verpackungen, wie auch die vom Hersteller mitgelieferten »Papiere«, ein fester Bestandteil einer Uhr. Salopp formuliert trägt sich eine Uhr auch ohne die »Verkaufsbegleiter« am Handgelenk, doch wird auf diesen Teil des Uhren-Ensembles zwischenzeitlich erheblich mehr Wert gelegt. Chrono24, eine internationale Handelsplattform für den Kauf und Verkauf von hochpreisigen Uhren, hat dazu in seinem Magazin einige Fakten präsentiert, aus denen deutlich hervorgeht, wie wichtig die »zweitwichtigste Sache« neben den Uhren selbst ist. Basierend auf Daten von Chrono24 gibt es mehr als doppelt so viele Angebote für Uhren mit Box und Papieren, wie für Uhren ohne jegliches Originalzubehör. Das sind immerhin stolze 58,6 Prozent! Weitere 32,4 Prozent der Uhren kommen ganz ohne Box sowie ohne Papiere auf den Markt, 9,3 Prozent mit einer Originalbox und 1,7 Prozent mit Originalpapieren, dafür ohne Box. Das wirkt sich natürlich auf den Preis aus. Wer also eine Uhr etwas günstiger kaufen will,

Der Originalverpackung und den Papieren, wie Rechnung und Garantieschein, wird eine große Bedeutung beigemessen – und bezahlt. Bild: www.herrstrohmsuhrsachen.com

orientiert sich eher an den Modellen ohne Box oder ohne Papiere. Auch hier hängt alles vom jeweiligen Modell – und bitte nie vergessen – dessen Zustand ab. Ein Beispiel von Chrono24 macht es deutlich: Eine Rolex Submariner mit der Referenz 16610, ausgestattet mit eloxierter Aluminium-Lünette ohne Box und Papieren würde etwa 8.000 Euro kosten, wird sie mit Box und Papieren geliefert, läge ihr Preis bereits bei etwa 9.425 Euro. Für die gleiche Uhr mit Box und Papieren, müssen also 17,8 Prozent mehr auf den Tisch gelegt werden. Stark nachgefragte Modelle, wie beispielsweise eine Rolex Cosmograph Daytona oder eine GMT II »Pepsi«, sind von dieser Tatsache besonders betroffen. Mit einem »Schnäppchen« darf also nicht gerechnet werden, allein schon aus dem Grund, weil sich diese Uhren bekanntlich gewinnbringend verkaufen lassen und deshalb fast immer mit Verpackung und Papieren angeboten werden. Und die Preisunterschiede

Originalverpackungen und -papiere haben in Abhängigkeit zur Marke und dem jeweiligen Modell einen unterschiedlichen Einfluss auf den Verkaufspreis. Ist ihr Neupreis niedriger, fällt der Preisunterschied nicht so stark ins Gewicht. Bild: Chrono24

steigen weiter, je höher der Sammlerwert einer Uhr liegt. Ein vollständiger Lieferumfang mit Originalverpackung und allen Papieren steigert also die Attraktivität einer Uhr und mit ihr den Sammlerwert. Eine weitere Betrachtung bezieht sich auf die Attraktivität beim Verkauf. Ein sogenanntes Full Set ist im Verkauf immer wesentlich attraktiver und wird sich damit deutlich schneller verkaufen lassen – trotz höherer Preise! Im Vergleich liegen gleiche Uhren mit Verpackung und Papieren gegenüber denen ohne in der »Verkaufsgeschwindigkeit« um mehr als 13 Prozent im Vorteil. Mit der Vollständigkeit steigt also auch die Begehrlichkeit. Doch fernab von diesen Erhebungen beurteilen Uhrenkäufer doch sehr unterschiedlich. In vielen Fällen geht es in erster Linie um die Uhr, in manchen Ländern spielt die Rechnung und das komplette Zubehör überhaupt keine Rolle, es wird nicht einmal in Augenschein genommen. Die wesentlichste Aussagekraft hat in der Regel aber eine Originalrechnung. Sie zeigt das Datum des Erwerbs und den tatsächlichen Preis, der – in welcher Höhe und wann auch immer – bezahlt wurde.

Spuren aus dem Archiv

9

»Ein Teil des Vermächtnisses«

Beinahe der Hälfte aller angebotenen Armbanduhren liegen keine Originalrechnungen, Garantiekarten oder sonstige Unterlagen bei. Über die Jahre ist ein großer Teil dieser Uhren durch zahlreiche Hände gegangen. Dabei gingen die Dokumente verloren oder wurden sogar separat verkauft. Ihre neuen Besitzer möchten jedoch in der Regel etwas über ihre Uhren erfahren, ihre Geheimnisse lüften und einen Beleg darüber in Händen halten.

Glücklicherweise verfügen viele Uhrenhersteller über ein enzyklopädisches Wissen und erlauben einen Zugang zu den historischen Aufzeichnungen ihrer Produktion. Sie sind stolz auf ihre Vergangenheit und haben sie gewissenhaft bewahrt. Das Besondere daran ist, dass diese Aufzeichnungen

Omega hat in seinem Archiv eine Fülle von Informationen gesammelt und ist damit in der Lage, für die Mehrheit seiner Uhren einen umfassenden Archivauszug zur Verfügung zu stellen. Bild: Omega

teilweise zurück bis zu den ersten Uhren von ganzen Generationen dokumentiert und archiviert wurden. Firmen, wie die IWC, Longines, Omega oder Patek Philippe, nur um Beispiele zu nennen, geben Hinweise aus ihren Archiven preis. Auch das Deutsche Uhrenmuseum in Glashütte bietet den Service an. Es stellt darüber hinaus Informationen zur Historie verschiedener Glashütter Firmen über die vorgelegten Uhren zusammen.

Ein Sprung in die Zeit

Reisen in die Vergangenheit bis zur Geburtsstunde einer Uhr bringen oftmals reichhaltige Geschichten zutage. Für die Ausstellung eines Archivauszuges werden von den Herstellerfirmen verschiedene Grundlagen benötigt. Um an die gewünschten Informationen, wie die Art des Kalibers, das Datum der Herstellung und vor allem des Verkaufs zu gelangen, muss oftmals die Uhr im Original gar nicht vorgelegt werden. Für diese Dokumente genügen neben den Kontaktdaten des Besitzers eine genaue Beschreibung der Uhr, die Gehäusenummer und auch die Seriennummer des Uhrwerks. Da Vintage-Uhren in der Regel noch nicht über einen Glasboden verfügen, muss eine Uhr geöffnet werden. Hilfreich sind aussagekräftige Bilder von der Vorder- und der Rückseite der Uhr sowie des Uhrwerks. Um bei der Ausstellung der Archivauszüge ganz sicher gehen zu können, stellt beispielsweise die IWC in Schaffhausen nur noch Zertifikate nach Vorlage der Uhr selbst aus. Zu viele, aus unterschiedlichen Modellen zusammengesetzte Uhren und natürlich auch Fälschungen wurden bereits angefragt. Hier wird ein Auszug aus dem Archiv auf der Grundlage eines fachmännischen Gutachtens ausgestellt. Ein Archivauszug liefert allerdings keine Garantie zur vorliegenden Uhr. Zur Klärung der Modalitäten für die Ausstellung der Dokumente sollte Kontakt zu den jeweiligen Kundenberatern aufgenommen werden. Die Kosten für diese Dienstleistungen beginnen in der Regel bei etwa 120 Euro und werden nicht erstattet, wenn die Angaben für die Bestellung des Archivauszugs ungenau oder falsch sind. Hinzu kommen die Lieferkosten, mögliche Zollgebühren oder Importzölle. Ein Antragsteller sollte in jedem Fall viel Zeit mitbringen, denn für einen Archivauszug ist gelegentlich Detektivarbeit gefragt. Produktionsunterlagen und machmal sogar sämtliche Archive oder Mikrofilme müssen bei der Recherche gesichtet werden. Ein Zeitfenster von ein paar Wochen bis zu einem halben Jahr sollte dabei eingeplant werden. Eine Einschätzung des Wertes der vorliegenden Uhr wird jedoch nicht abgegeben. Der Archivauszug beschreibt die Uhr ausschließlich in ihrem Originalzustand. Alle außerhalb einer Manufaktur vorgenommenen Abänderungen können darin nicht berücksichtigt werden und führen in einigen Fällen zur Ableh-

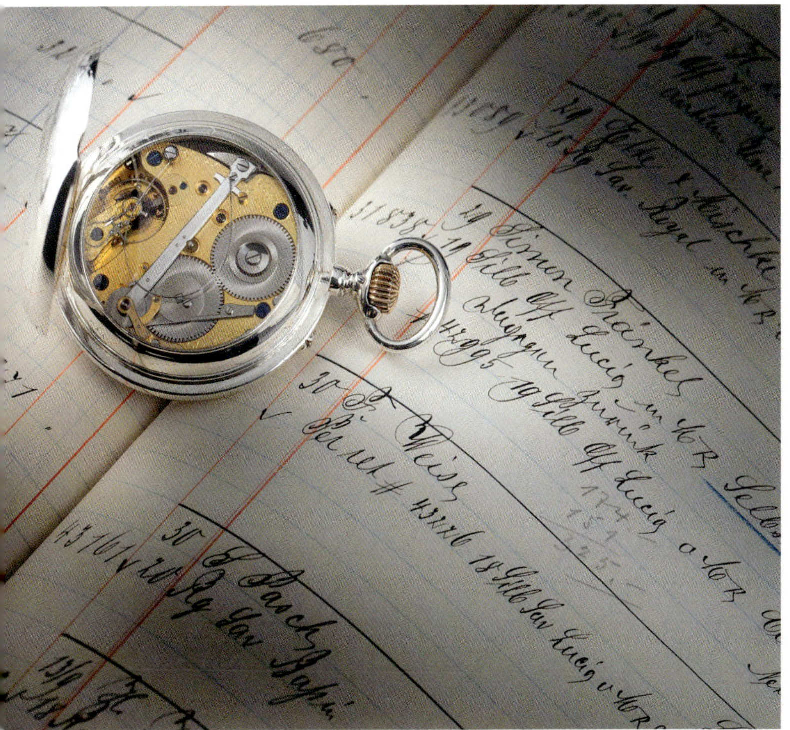

Im Deutschen Uhrenmuseum Glashütte werden nahezu täglich Archivauskünfte erstellt. Dazu werden für die Uhren historische Verkaufsbücher herangezogen. Existieren noch Informationen zur Historie einer vorgelegten Uhr, wird eine Kopie aus den historischen Dokumenten der verschiedenen Glashütter Uhrenfirmen beigefügt. Bild: Deutsches Uhrenmuseum Glashütte

nung eines Archivauszuges. Oft werden Aussagen über die Verkaufspreise sowie die Anzahl der von diesem Modell gefertigten Uhren angefragt. Sie werden jedoch nicht preisgegeben. Gleiches gilt für Anfragen bezüglich der Anzahl an Vorbesitzern und deren Kontaktdaten. Sie unterliegen dem Datenschutz.

Der Archivauszug enthält ausschließlich die Informationen eines Herstellers und damit die zur Identifikation der Uhr erforderlichen Einzelheiten. Er ersetzt das Ursprungszeugnis einer Uhr grundsätzlich nicht, auch wenn er bestätigt, dass die vorliegende Uhr beim Hersteller registriert ist. Ursprungszeugnisse werden in der Regel nur einmal erstellt und können nicht erneut zur Verfügung gestellt werden.

»Grenzfälle«

10 Uhren mit dunkler Vergangenheit

Wer Vintage-Uhren kauft, erhält Uhren mit einer Vorgeschichte und zuweilen vielen Vorbesitzern. Dabei ist den Uhren im Prinzip nicht anzusehen, welch düstere Vergangenheit unter Umständen auf ihnen lastet. Wirklich sicher kann beim Uhrenkauf daher nur sein, wer seine Vintage-Uhr über ein etabliertes Auktionshaus, einen Juwelier oder über eine der großen Plattformen wie CHRONEXT, Chrono24 oder Watchmaster erwirbt. Hier wird jede Uhr inspiziert, authentifiziert und zertifiziert. Damit bürgen die Häuser für ihre Uhren und schaffen Kundenvertrauen. Ganz anders sieht die Sache aus, wenn eine Uhr beispielsweise über einen Online-Marktplatz erworben wird, denn sie könnte möglicherweise auch aus einer Diebesbeute stammen. Bei Einbruchdiebstählen fallen den Einbrechern neben den Uhren nicht selten auch die vollständigen Papiere in die Hände. Wer eine gestohlene Uhr kauft, wird jedoch nicht zu ihrem neuen Besitzer. Das bleibt der Bestohlene. Er kann vom Käufer verlangen, dass er ihm die Uhr zurückgibt. Geregelt ist das im Paragraph 935 des Bürgerlichen Gesetzbuches (BGB). Darüber hinaus kann der ursprüngliche Besitzer den Käufer zu Schadensersatz verpflichten, wenn dieser an der Uhr Beschädigungen verursacht hat. Da es sich hierbei um Hehlerware handelt, kann der Käufer die Uhr auch nicht weiterverkaufen. Dann kann ihm Hehlerei vorgeworfen werden, die mit einer Freiheitsstrafe bis zu fünf Jahren oder mit einer Geldstrafe geahndet wird. Doch wie entsteht beim Kauf im Internet Sicherheit und wie kann hier eine Uhr auf einen eventuellen Diebstahl hin geprüft werden? Ein Archivauszug mit einem Hinweis auf einen Diebstahl wird nicht innerhalb der Auktionsdauer erstellt. Selbst dann ist nicht sicher, ob der Diebstahl bereits gemeldet wurde und eine Eintragung beim Hersteller stattgefunden hat. Gleiches gilt auch für eine Anfrage beim Bundeskriminalamt. In deren Datenbanken sind nicht alle gestohlenen Uh-

Wussten Sie schon?

Kritisch Shoppen bedeutet auch, bei auffallend billigen Schnäppchen besser Abstand vom Kauf zu nehmen. Allzu gutgläubige Käufer können im Einzelfall wegen Hehlerei belangt werden! Das Landgericht Karlsruhe kam in einem Fall zu dem Schluss, dass der Käufer im vorliegenden Angebot argwöhnisch werden und auf den Kauf hätte verzichten müssen.

Bei einem Überfall auf Chopard in der Münchner Maximilianstraße wurden Uhren und Schmuck im Wert von 800.000 Euro geraubt. Jetzt stellt sich die Frage, wann und wo sie wieder auftauchen. Bild: Robert Haas

ren eingetragen, denn viele der Bestohlenen können keine Angaben zu den Seriennummern ihrer Uhr oder des Werkes machen. Entstehen also Zweifel: Finger weg vom Kauf! Wird man selbst bestohlen, heißt es schnell und vor allem richtig zu handeln. Vorbeugend sind natürlich Unterlagen, allen voran die Originalrechnung sowie das Ursprungszeugnis, getrennt von den Uhren aufzubewahren, bestenfalls zusätzliche Kopien an verschiedenen Orten. Passiert es dennoch, ist die Kopie des Polizeiberichts, der die jeweiligen Gehäuse- und die Seriennummern der Uhrwerke enthält, dem jeweiligen Uhrenhersteller zu übermitteln. Empfehlenswert ist es, eine Kopie des Kaufbeleges und des Ursprungszertifikates beizufügen. Hier wird der Diebstahl in den Archiveintrag aufgenommen. Auf der Suche nach den gestohlenen Uhren bietet sich neben den Herstellern auch die Online-Datenbank »Securius« des BKA an. Bei einer Hausdurchsuchung eines Tatverdächtigen oder der Ergreifung einer Diebesbande stellt die Polizei oftmals eine Vielzahl an gestohlenen Uhren sicher. Da sie sich jedoch häufig nur schwer zu den rechtmäßigen Besitzern zurückverfolgen lassen, wurde diese Datenbank entwickelt. »Securius«, in der Polizei- und Zolldienststellen Diebesgut registrieren, ermöglicht es, gestohlene Uhren wiederzufinden. Nach Vorlage eines Eigentumsnachweises erhält der Eigentümer seine Uhr zurück.

Versicherungs – Schutz

Was tun, um seine Werte zu schützen?

11

In den rund 40 Millionen bundesdeutschen Privathaushalten ist der Anteil an Wertgegenständen und damit auch Armbanduhren gestiegen. Aus einer Uhr zum täglichen Tragen wurden im Durchschnitt etwa drei. Insgesamt nehmen Armbanduhren längst einen anderen Stellenwert ein, als noch vor einigen Jahren. Damit kommen teilweise beträchtliche Summen zusammen. Um diese Werte zu schützen, müssen entsprechende Maßnahmen ergriffen werden. Dass die Sorge um den Verlust wertvoller Uhren berechtigt ist, zeigt die Statistik des GDV, dem Gesamtverband der Deutschen Versicherungswirtschaft e.V. Dabei nehmen Einbruchdiebstähle den größten Anteil aller Hausratschäden ein. Nun stellt sich aber die Frage, wie wertvolle Uhren zu versichern sind. Prinzipiell deckt eine Hausratversicherung Armbanduhren ab.

Einordnung als Wertsache

Voraussetzung dafür ist, dass die Versicherungssumme dem tatsächlichen Gesamtwert des Hausrats entspricht. Dieser bezieht sich jedoch meist auf die Fläche des Hauses oder einer Wohnung und führt häufig zu einer Unterversicherung. In solchen Fällen werden nur Teilsummen erstattet. Daher ist es zwingend erforderlich, aus allen beweglichen Gütern, zu denen auch Uhren gehören, eine Summe zu bilden und damit die Versicherungssumme zu ermitteln. Das kann zu großen Überraschungen führen. Grundsätzlich kann die Höhe der Versicherungssumme frei gewählt werden. Doch die Anbieter unterscheiden sich in ihren Versicherungspaketen. Sogar innerhalb der Versicherer gibt es Unterschiede. Eine exakte Klärung mit dem Versicherungsgeber ist daher unumgänglich. Auch die Höchstgrenze für Entschädigungen von Wertsachen ist dabei wesentlich. Durch ein entsprechendes Türschloss, abgesicherte Fenster sowie ein Wertschutzbehältnis kann der Versicherungsbeitrag gegebenenfalls positiv beeinflusst werden. Diese Behältnisse unterliegen jedoch genauen Vorgaben und werden nach ihrem Widerstandsgrad, ihrem Gewicht und ihrer Befestigung von den Versicherungen beurteilt. Wertsachen sind per Definition in den Allgemeinen Hausratversicherungsbedingungen (VHB) festgelegt. Ihr liegen alle Hausratversicherungsverträge zugrunde. Neben Bargeld, Münzen, Kunstgegenständen und einigem mehr, werden auch Uhren aus Gold oder Platin als solche bestimmt. Diese Uhren werden also grundsätzlich als

Wertsache eingeordnet und unterliegen damit einer Höchstgrenze für Entschädigungen! Wie würde dann aber eine Royal Oak aus Edelstahl eingestuft werden? Je nach Versicherung wird hier der Wert der Uhr herangezogen und eine Uhr aus Stahl rasch zur Wertsache erklärt. Zum Einbruchdiebstahl kommt auch der Trickdiebstahl, der Taschendiebstahl und der Diebstahl aus dem eigenen Kfz oder einem Hotelzimmer. Für diese Fälle kann eine Hausrat-Außenversicherung nützlich sein. Für Vintage-Liebhaber ist es folglich von großer Bedeutung, den tatsächlichen, also den Wiederbeschaffungswert einer Uhr zu ermitteln. Eine Submariner No Date, deren Preis 2005 bei etwa 4.000 Euro lag, wird heute unter 10.000 Euro nicht mehr zu bekommen sein. Demzufolge sind 10.000 Euro relevant. Eine Absicherung ist auch bedeutungsvoll, weil viele Vintage-Uhren bei Verlust nicht mehr beschafft werden können. Neben einer Uhrenversicherung mit überaus hohen Beiträgen kann eine Wertsachenversicherung abgeschlossen werden. Als Ergänzung zur Hausratversicherung können hier Ereignisse, wie Diebstahl, Raub und räuberische Erpressung, aber auch Vertauschen und Liegenlassen sowie die Beschädigungen der Wertsachen durch Unfälle abgedeckt werden.

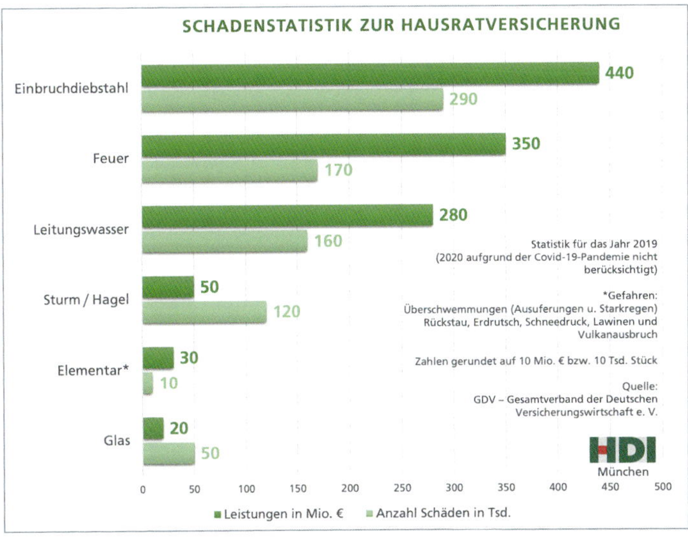

Auch wenn Einbruchdiebstähle coronabedingt abgenommen haben, erfolgt noch immer alle zehn Minuten ein Einbruch in Deutschland. Unverändert nimmt der Einbruchdiebstahl den größten Anteil aller Hausratschäden ein. Bild: HDI, Haftpflichtverband der Deutschen Industrie

Vorsicht Jagdfieber!

12

Horrortrip Uhrenkauf

Uhrenkäufe im Internet können zahlreiche Überraschungen mit sich bringen. In der Hoffnung auf ein tolles Schnäppchen stellt sich vielleicht heraus, dass die Vintage-Uhr eine Fälschung, eine Mariage oder gar eine gestohlene Uhr ist. Emotionen führen uns immer wieder in Situationen, in die wir ohne sie nicht gekommen wären. Wenn plötzlich die lang ersehnte Vintage-Uhr in einem Topzustand zu einem günstigen Preis bei eBay angeboten wird, kann schon mal das Jagdfieber ausbrechen.

Bei einem solchen Angebot als »Sofort-Kauf« bleibt selten viel Zeit, bis jemand auf den berühmten Knopf drückt. Daher gilt es, schnell alle Sicherheitsfragen zu klären. Hat der Verkäufer gute Bewertungen und steht für diese Auktion ein Käuferschutz zur Verfügung? Handelt es sich um einen gewerblichen Anbieter mit einem zugesicherten Rückgaberecht? Über die Prüfung aller Unwägbarkeiten hinaus ist es empfehlenswert, den Verkäufer anzuschreiben, ihm entsprechende Fragen zu stellen und eine Wunschzeit auf der angebotenen Uhr einstellen zu lassen. Liefert er ein passendes Foto, existiert die Uhr tatsächlich. Aber damit ist noch keine absolute Sicherheit gegeben. Vor allem dann, wenn der Betrag überwiesen werden soll. Wer sich darauf einlässt, hat jegliche Sicherheit verspielt!

Doch selbst mit einer Zahlungsabwicklung über PayPal versuchen einige Verkäufer ihre Tricks. Wird nun die Auktion bestätigt und der Betrag über PayPal angewiesen, müsste eigentlich alles in Ordnung sein. In einigen Fällen aber passiert dann gar nichts mehr. Vom Verkäufer kommt keine Reaktion mehr, alles wirkt wie abgeschnitten. Solche Fälle sind eBay und PayPal vor allem aus Italien bekannt. Spätestens jetzt sollte mit eBay Kontakt aufgenommen werden. Trotz einer positiven Rückmeldung von dort heißt es jetzt aufpassen! Noch liegt das Geld bei PayPal im Heimatland. Bald aber kommt der Tag, an dem PayPal ohne eine Reklamation des Käufers den Betrag an den Verkäufer weiterleitet. Damit ist zwar der Käuferschutz noch vorhanden, das Geld jedoch nicht mehr. Die besondere Masche spezieller Verkäufer ist es, so lange zu warten und den Käufer dann mit Fake-Meldungen, beispielsweise über einen Krankenhaus-Aufenthalt, hinzuhalten, bis PayPal den Betrag überweist.

Auch mit Käuferschutz ist es nicht immer einfach, den Betrag zurück zu erhalten, vor allem aus dem Ausland. Was bleibt, ist viel Ärger, schlaflose

Wird eine solche Uhr zu einem Sofort-Kauf von 16.500 Euro angeboten, ist Vorsicht geboten! Die eigentlichen Fallstricke aber kommen häufig erst nach dem Kauf. Sicherer ist ein Kauf mit eBay-Echtheitsprüfung oder in einem Auktionshaus. Bild: Auktionen Dr. Crott

Nächte und am Ende des Tages keine Uhr. Doch hier muss das Spiel noch nicht zu Ende sein! Oftmals erhält der Käufer nach ein paar Tagen vom Verkäufer das Angebot, die Transaktion nun über einen renommierten Wertversand, also vollkommen risikolos, durchzuführen. Hierbei wird die Uhr sofort versendet, der Käufer erhält von dort eine Rechnung mit Tracking-Nummer und der Aufforderung, den Betrag nun zu überweisen. Bei diesem Verfahren bleibt das Geld so lange bei diesem Unternehmen, bis die Uhr auf dem Tisch des Käufers liegt. Sollte das Paket das beinhalten, was vereinbart war, wird die Zahlung freigegeben. Falls nicht, wird das Geld zurückerstattet.

Wer aber dieser neuen Vorgehensweise nicht zustimmt, wird vom Verkäufer mit Mails überhäuft – zunächst in der Regel noch sehr höflich. Verstummen die Mails schließlich und die Aufregung hat sich gelegt, sollte nach der Uhr bei eBay gesucht werden. Und siehe da: ein paar Wochen später taucht sie mit gleichen Bildern, Beschreibung und Preis wieder auf. Nur der Verkäufername ist ein anderer und mit ihm die Anzahl seiner 100-Prozent-Bewertungen in einem ausgesprochen niedrigen Bereich.

Nervenkitzel gratis

13 Vintage-Uhren und Auktionen

Uhrenauktionen finden immer häufiger statt. Einer der Gründe ist sicher die Zunahme derer, die ihr Geld in Uhren anlegen. Damit hat auch die Präsenz prominenter sowie zahlungskräftiger Investoren zugenommen. Vornehmlich große Auktionshäuser veranstalten immer mehr Auktionen, die den Charakter eines Events angenommen haben. Allen jedoch ist eines gleich: Neben dem Nervenkitzel sorgen sie für die gehörige Portion Spannung bei jedem, der hier nach dem Glücksgefühl des Erfolgs sucht.

Auf der Suche nach der ganz besonderen Vintage-Uhr bieten Auktionshäuser die perfekte Plattform. Sie ermöglichen es, Sammler anzusprechen und sie zudem weltweit zu erreichen. Auktionshäuser erreichen vor allem das richtige Publikum und können für die Echtheit ihrer angebotenen Stücke garantieren. Renommierte Häuser sind aber auch in der Lage, die Aufmerksamkeit der Interessenten sowie der Presse zu erzielen. Zu den Auktionen finden sich neben den Sammlern üblicherweise auch Kommissionäre

Ist die Wunschuhr endlich auf dem Radar, kommt Adrenalin ins Spiel. Dann ist Vorsicht geboten und taktisches Geschick gefragt. Bild: Auktionen Dr. Crott

und Händler ein, die für ihre Kunden bieten oder Teilnehmer, die sich ausschließlich für die Versteigerung besonderer Uhren interessieren. Geboten wird vor Ort, online oder per Telefon. Neben dem Anbieter einer Uhr muss auch der Käufer eine Provision entrichten. Der europäische Durchschnitt liegt hier bei 25 Prozent. Er wird dem Kaufpreis zugeschlagen. Vor allem für Neueinsteiger und damit Ungeübte kann eine Uhren-Auktion ein hartes Terrain darstellen.

Vorsicht: Adrenalin!

Es ist daher sinnvoll, sich vor der Auktion ein Bild von den angebotenen Stücken zu machen und, falls erforderlich, gezielte Fragen zu stellen. Sehr hilfreich sind Auktionskataloge. Sie sind in der Herstellung aufwendig und kosten ihren Preis, doch sie sind eine gute Basis, sich einen Überblick zu verschaffen, sich mit den Preisen, dem Zustand der angebotenen Uhren und dem Regelwerk eines Auktionshauses vertraut zu machen. Dann kommt der Zeitpunkt, an dem Entscheidungen gefällt werden sollten. Welche Uhr kommt überhaupt in Frage, liegt sie preislich unter Berücksichtigung der Extrakosten, wie beispielsweise Steuern, Provision oder einem versicherten Versand noch im persönlichen Rahmen? Wie hoch darf das Gebot maximal gehen und wie hoch sind dann meine Chancen, den Zuschlag zu erhalten? Für Vintage-Sammler ist der Erhaltungszustand von besonderer Bedeutung. Daher ist im Vorfeld zu klären, ob die angebotene Uhr überarbeitet und damit aufpoliert wurde. Lieber ein paar Kratzer und Macken, dafür eine Originaloberfläche des Herstellers. Von Bedeutung ist auch das »Beiwerk« einer Uhr. Liegen ihr die Gebrauchsanweisung, eine Garantiekarte, der Verkaufsanhänger, eine Box, Schutzhüllen und sogar die Revisionsrechnungen bei, machen sie eine Uhr nochmals attraktiver. Nicht zu vergessen ist auch die Provenienz. Sie ist ein nützliches Instrument, den Wert einer Uhr zu steigern. Neben diesen positiven Wertsteigerungen für eine Uhr treiben leider auch abgesprochene Gebote ohne Kaufverpflichtung die Preise in die Höhe. Da eine bestimmte Uhr auf einer Auktion vielleicht nur einmal vorrätig ist, entstehen auf diese Weise verdeckte Überbewertungen. Nicht außer Acht zu lassen ist auch ein Überangebot an Bietern. Schon manche »Bieterwut« ließ Preise in utopische Höhen schnellen. Diese Erscheinungen sind aber auch bei Sammlern in den Premium-Märkten anzutreffen. Einige sind immer bereit, weit über dem Markt liegende Preise zu bezahlen: »Besser teuer, als gar nicht!«. Eine wesentliche Regel sollte aber grundsätzlich immer beachtet werden: Kommt Adrenalin ins Spiel, ist Vorsicht geboten. Dass Uhren unter dem Marktpreis den Besitzer wechseln, gilt als ein eher selteneres Ereignis.

Certified Pre-Owned

14 Eine weitreichende Bedeutung

Darüber sind sich Marken und Händler einig: Die Attraktivität von Uhren aus Vorbesitz nimmt seit Jahren deutlich zu. Von 2020 auf 2021 haben sich die Zahlen sogar verdoppelt. Sie stellen neben dem Erwerb von neuen Uhren eine interessante Alternative dar und ermöglichen vielen einen Zugang in die Luxusklasse. Sammlern eröffnen sie zudem die Möglichkeit, Vintage-Uhren, limitierte Editionen oder gesuchte und damit rare Modelle zu erwerben.

Uhren aus Vorbesitz stehen überwiegend im europäischen Raum und in den USA hoch in der Gunst der Käufer. Doch gerade bei diesen Uhren spielt die Echtheit und die Funktion, auf die man sich verlassen kann, eine erhebliche Rolle. Dazu hat Bucherer das Qualitätsmerkmal »Certified Pre-Owned« über seine Uhren gestellt und gibt für jede Uhr eine Garantie von zwei Jahren. Geprüft werden sie ausnahmslos von markenzertifizierten Uhrmachern. Durch sie erfolgt auch eine Aufarbeitung sowie die Revision, bei der ausschließlich Ersatzteile und Werkzeuge der jeweiligen Marken

Die erste eigene Boutique folgt dem erfolgreichen Certified-Pre-Owned-Konzept und wird 2020 in München eröffnet. In einer gediegenen Atmosphäre auf rund 80 Quadratmetern und mit direktem Blick auf die Staatsoper warten hier Uhren aus Vorbesitz auf ihre neuen Besitzer. Etwa 70 bis 80 Pre-Owned-Uhren sind durchschnittlich pro Filiale auf Lager.

In New York City wird 2021 die erste Bucherer 1888 Flaggschiff-Boutique eröffnet. Nach fast 18 Monaten Bauzeit stehen den Besuchern an der 12 East 57th Street etwa 130 Quadratmeter allein für den CPO-Bereich als Lounge zur Verfügung. Bilder: Bucherer

verwendet werden. Auf diese Weise kann den Käufern die Funktionsfähigkeit und Echtheit ihrer Uhr zugesichert werden. CPO-Uhren sind im Durchschnitt etwa 10 Jahre alt, der Anteil an Vintage-Uhren liegt bei etwa 5 bis 10 Prozent.

Seit 2019 verkauft Bucherer Uhren aus Vorbesitz und bietet damit Vintage-Sammlern eine weitere überaus interessante Bezugsquelle. Weltweit stehen an 42 Standorten für CPO-Bereiche über 2.500 Quadratmeter zur Verfügung. Hauptstandorte hierfür sind Düsseldorf, Genf, London, München, New York, Paris und Zürich. Die Uhren werden über alle Filialen verteilt und stehen natürlich auch online zur Verfügung. Auf Wunsch können sie in jede Filiale zur Ansicht geliefert werden. Dadurch ändert sich das Angebot in den Filialen nahezu täglich. Sehr häufig werden Anfragen zu speziellen Wunschuhren gestellt, die für den Kunden im System des CPO-Bereichs vermerkt werden. Dabei geht es oftmals auch um Vintage-Uhren, mit denen der Suchende eine persönliche Erinnerung verbindet. Mit einem vorausschauenden Blick lassen sich jedoch auch unter den aktuellen Uhren aus Vorbesitz schon heute begehrte Modelle finden, die in nur wenigen Jahren zu attraktiven Vintage-Uhren werden.

Uhr-Sachen

15

... für unangenehme Fragen vom Finanzamt

Nahezu jeder Uhrenliebhaber hat bereits die eine oder andere Uhr verkauft. Teilweise sicher auch, um sich von dem Erlös eine langersehnte neue Uhr zu finanzieren. Doch Vorsicht: Finanzämter durchforsten Online-Marktplätze mit Webcrawlern auf steuerlich relevante unternehmerische Aktivitäten.

Ergibt sich aus einer solchen Analyse eine Auffälligkeit, wird geprüft, ob es sich um ein privates Veräußerungsgeschäft oder eine gewerbliche Tätigkeit handelt. Bleiben die Umsätze gering und liegen zwischen dem Zeitpunkt des Erwerbs und dem Verkaufsdatum mindestens ein Jahr, ist das steuerfrei. Liegen jedoch Kauf und Verkauf innerhalb eines Jahres, handelt es sich um ein Spekulationsgeschäft. Wird dann auch noch die Freigrenze von 600 Euro überschritten, werden grundsätzlich Steuern fällig. Die nächste Stufe wird erreicht, wenn die Zahl der Verkäufe zunimmt und die erzielten Umsätze 22.000 Euro pro Jahr überschreiten. Unter Umständen tritt dann schnell ein Übergang zum gewerblichen Handel ein.

Grenzen beachten!

Dabei ist es völlig unerheblich, ob eine hauptberufliche Tätigkeit besteht und die Verkäufe nur nebenbei getätigt werden. Selbst wenn kein Überschuss erzielt wird, jedoch mehrere Uhren in einem kürzeren Zeitraum verkauft wurden, kann das Finanzamt zu der Ansicht kommen, dass hier eine Gewinnerzielungsabsicht vorliegt und damit den Verkäufer möglicherweise als Unternehmer einstufen. Die Grenzen zu einer unternehmerischen Tätigkeit werden jedoch unterschiedlich gezogen und nicht immer gleich eingestuft. Zum Aufspüren unternehmerischer und damit steuerlich relevanter Aktivitäten im Netz haben sich die Finanzämter eigene Abteilungen eingerichtet. Hier wird nach Jahresumsätzen von mehr als 22.000 Euro gesucht. Bei Erfolg müssen die Internetplattformen den Steuerfahndern Auskunft über ihre Verkäufer erteilen. Diese erhalten Name und Anschrift des Verkäufers, seine Bankverbindung und eine Auflistung all seiner getätigten Verkäufe. Besonders ins Visier rückt, wer Produkte zwecks Weiterverkauf ordert. Spürt das Finanzamt einen relevanten Verkäufer auf, kann es ihn zur Gewerbeanmeldung zwingen. Dann muss in Abhängigkeit zu den Umsätzen neben der Einkommensteuer gegebenenfalls Umsatzsteuer bezahlt werden. Liegen die Gewinne über 24.500 Euro, kommt noch die

Tipp

Um möglichen Vorwürfen von Spekulationsgeschäften vorzubeugen, sollten alle relevanten Unterlagen vom Uhrenkauf sowie -verkauf akribisch aufbewahrt werden. Sie liefern gegebenenfalls den Nachweis, dass zwischen Ein- und Verkauf mehr als ein Jahr liegt.

Gewerbesteuer hinzu. Bei Umsätzen unter 22.000 Euro kann in bestimmten Fällen die Kleinunternehmerregelung zum Tragen kommen. Dann wären die Geschäfte steuerfrei. Hier wird also schnell deutlich, wohin ein Uhrenverkauf führen kann. Wer beispielsweise seine neue Rolex GMT-Master II für 23.000 Euro verkauft, hat bereits Grenzen überschritten. Wird schließlich ein Gewerbe angemeldet, steht der Gewerbetreibende in der Pflicht, seinen Kunden eine Gewährleistung von einem Jahr anzubieten und muss bei einem Onlineverkauf ein 14-tägiges Rückgaberecht einräumen. Hinzu kommt, dass der Gewerbetreibende, der nun zum Grauhändler wurde, sich zudem auf den verschiedenen Online-Marktplätzen als gewerblicher Verkäufer anmelden muss. Einige Plattformen wünschen jedoch keine Händler und schließen die Anmeldung aus. In dem Zusammenhang sei die Frage erlaubt, was die vielen privaten Uhrenanleger tun werden, wenn sie eines Tages ihre Uhren wieder verkaufen wollen.

Jeder Anleger sollte sich beim Verkauf seiner Uhren überlegen, welche steuerrechtlichen Konsequenzen das für ihn hat und sich entsprechend erkundigen. Die Folgen aus den Aktivitäten sind schließlich nicht unerheblich. Bild: Stefan Friesenegger

Zusätzliche Werte

16

… oder einfach nur eine schöne Nebensache

In den vielen Zubehörteilen für Vintage-Uhren steckt großes Potenzial, das in den kommenden Jahren weiter an Fahrt aufnehmen wird. Das ist vor allem darauf zurückzuführen, dass sich das Werteverständnis für Uhren verändert hat. Uhren erreichen als Full Set deutlich höhere Preise, oftmals bis zu einem vierstelligen Bereich. Die Preise für Uhrenzubehör sind in den vergangenen Jahren daher deutlich gestiegen. Am meisten stehen Boxen, Etuis, Hangtags, Garantieurkunden, Schließen oder Bänder im Fokus derer, die ihr Set noch vervollständigen wollen. Aber die Liste ist lang. Sie geht darüber hinaus über Ersatzteile für Uhrwerke, Zeiger, Zifferblätter, Gehäuseböden bis hin zu Uhrgläsern oder Urkunden. Hinzu kommen Zubehörteile, welche die Hersteller zur Bedienung von Komplikationen einer Uhr, aber auch für eine limitierte Edition beifügen.

Allein der Anker einer Rolex Submariner mit Kette liegt im Neuzustand in der originalverschweißten Tüte aktuell bei über 100 Euro, oder das Lederetui der Rolex Sea-Dweller mit einer speziellen Bandverlängerung, der Buehlmann-Dekompressionstabelle und einem Werkzeug erreicht bereits Werte von etwa 500 Euro. Eine IWC »Gold-Box« mit Papieren und der klassischen Hülle aus Kunststoff kommt auf 700 Euro, eine Glashütte Original-Reisebox auf rund 80 Euro oder eine Breitling Uhrenbox aus Bakelit mit Umkarton schon mal auf 200 Euro. Preislich richtig dramatisch wird es dann bei Boxen für die Nautilus von Patek Philippe. Handelt es sich dabei um die äußerst gesuchte, ab 1976 mitgelieferte Box aus Naturkork, erreichen die Preise schnell

Auch ein handgearbeiteter Korrekturdrücker aus Elfenbein, geschmückt mit einem kleinen Brillanten, kann eine enorme Bereicherung einer Sammlung darstellen und auf Auktionen einen Wert von über 2.000 Euro erzielen. Bild: Stefan Friesenegger

Eine Uhrenbox für knapp 20.000 Euro? Die Patek-Philippe-Korkbox für die legendäre Nautilus, Referenz 3700, aus dem Jahr 1979 mit den Maßen von 98 x 98 Millimetern und einer Höhe von 68 Millimetern stammt aus einem Privatbesitz. Bild: Auktionen Dr. Crott

eine fünfstellige Größenordnung. Es gab bereits Fälle, in denen eine solche Box über 20.000 Euro kostete.

Aber auch für Omega sind Spitzenpreise bei einem Ausnahmezubehör zu bezahlen. Ein Beispiel liefert das Omega-Speedmaster-Booklet aus dem Jahr 1959 mit tiefhintergründigem Titel »When time decides the issue«. Selbst in einem guten bis befriedigenden Zustand erreicht ihr Preis schon mal 3.500 Euro. Richtig günstig erscheint dagegen eine rote Rolex-Box der Referenz 14.00.08 der frühen 1980er-Jahre mit rund 200 Euro. Allein im Luxusuhren-Portal Chrono24 wurden im Februar 2022 rund 80.000 Ersatzteile und Zubehör mit einem Gesamtwert von über 20 Millionen Euro angeboten.

Wertanlage Vintage-Uhren

Eine Kapitalanlage der anderen Art

17

Wenn die Inflationsrate auf Rekordhöhen steigt und das Geld dahinschmilzt, haben Anleger längst begonnen, nach alternativen Geldanlagen zu suchen. Doch wie will man einer schwächelnden Währung entgegentreten? Auf der Suche nach Alternativen rückten plötzlich Armbanduhren in den Fokus derer, die ihr Geld absichern wollen. Das hatte zur Folge, dass bei einigen Modellen die Nachfrage und damit die Preise sprunghaft nach oben schnellten. In ihrem Sog wurden ein paar weitere mitgerissen. Einige entpuppten sich aber als Flop, ihre Preise fielen wieder.

Auf was ist zu achten?

Grundsätzlich sind solche fantastischen Preisentwicklungen trügerisch und beziehen sich äußerst selten auf die technischen oder ideellen Eigenschaften dieser Uhren. Der erzielte Preis ist Ausdruck einer temporären Nachfrage. Der Marktpreis schwankt mitunter gewaltig, Preistrends sind selten stabil. Daher wurde schon unzählige Male die Frage gestellt, auf was bei Uhren als Wertanlage im Besonderen geachtet werden muss. Für Armbanduhren sollte aber der Grundsatz gelten, sie nicht zu Anlagezwecken zu missbrauchen! Die Freude an ihnen, die Huldigung der handwerklichen Kunstfertigkeit und die Jahrhunderte lange Entwicklung hin zu dem, was sie leisten, sollte die größte Rendite bleiben. Ein Großteil der Uhren ist ohnehin als Uhreninvestment vollkommen ungeeignet. Bereits nach Abschluss des Kaufs können dreißig Prozent, in vielen Fällen sogar noch deutlich mehr, vom Kaufpreis abgezogen werden. Das gilt auch für Vintage-Uhren, wenngleich sie anders bewertet werden. Ihnen liegt die Nachfrage zugrunde und nicht die Preisempfehlung des Herstellers. Auf dem Graumarkt kommt dann noch der Liebhaberpreis hinzu. Wird der Vintage-Uhrenkauf aus rein wirtschaftlichen Gesichtspunkten betrachtet, kommen den aktuellen Trends folgend wie bei den Neuuhren auch nur bestimmte Modelle ausgewählter Marken, wie Audemars Piquet, Omega, Patek Philippe, Rolex oder Tudor in Frage. Zu ihnen gesellen sich einige Modelle der Marken A. Lange & Söhne, Heuer, IWC, Jaeger-LeCoultre, Panerai, Sinn, Zenith und ein paar seltene Stücke. Sie alle haben über die Jahre preislich deutlich zugelegt und befinden sich teils weit über dem Preis ihrer Nachfolgegenerationen, den Neuuhren. Und sie sind verfügbar.

Ein perfektes Beispiel: Die Patek Philippe Nautilus war immer begehrt und teuer. Dann wurde ihr Potenzial für alternative Anlagezwecke benutzt. In der Folge explodierten die Preise. Mit der Einstellung des Modells im Jahr 2021 gab es dann kein Halten mehr. Bild: CHRONEXT

Erfahrungswerte spielen eine große Rolle

Natürlich ist auch bei Vintage-Uhren eine unablässige Beobachtung des Marktes erforderlich. Wer ausschließlich auf Investment setzt, darf sich nicht vom eigenen Geschmack leiten lassen, sondern muss stets die erzielten Preise auf den jeweiligen Marktplätzen beobachten. Der richtige Zeitpunkt für den Einkauf ist dabei ebenso bedeutsam, wie der Zeitpunkt des Verkaufs. Eine gewisse Sicherheit geht von den Vintage-Modellen aus, die seit Jahren stabil auf dem Markt etabliert sind. Eine Rolex Submariner »Single-Red«, eine Daytona Handaufzug und natürlich die Patek Philippe Nautilus sind passende Beispiele dazu. Doch auch das kann sich ändern. Ratsam ist von jeher, sich zusätzlich auf Uhren zu konzentrieren, deren Wachstumspotenzial in der Breite noch nicht erkannt wurde. Das ist zwar mit deutlich höherem Risiko behaftet, dafür sind die Kaufpreise dieser Uhren erheblich geringer. Hinzu kommt die Zeit. Bestimmte Neuuhren bringen unmittelbar eine hohe Rendite – wenn man sie bekommt. Wer beispielsweise eine neue Rolex GMT-Master II von seinem Juwelier erhält, kann sie ohne Umschweife mit einem beinahe dreifachen Preis verkaufen, da es sich um eine schnell veräußerbare, wenig aufwendig zu vermarktende Uhr handelt. Die Rendite: teilweise an die 200 Prozent. Als Vintage-Modell erreicht die gleiche Uhr natürlich solche Renditen nicht, da sie von vornherein mit einem hohen Preis angeboten wird und nicht an die Preisbindung der Juweliere gekoppelt ist. Ihr Preis wird allein durch die Nachfrage bestimmt, und die ist derzeit enorm. Daher können mit Vintage-Uhren nur über einen längeren Zeitraum Renditen erwirtschaftet werden. Die realistische Größenordnung liegt hier bei etwa 8 bis 10 Prozent. Was bei Vintage-Uhren möglicherweise hinzu kommen kann, sind Abzüge für ein unvollständiges Set und damit der Ersatz von fehlenden Teilen oder eventuelle Reparaturen. Auch das Agio bei Auktionskäufen oder die Steuern dürfen nicht vergessen werden. Bei Armbanduhren spielen Erfahrungswerte eine große Rolle – und wie so oft im Leben das kleine Quäntchen Glück.

Die Rolex Oyster Perpetual GMT-Master gehört zu den meistgesuchten Uhren weltweit. Ihr Preis ist daher stabil und wird sich sicher weiterhin nach oben entwickeln.
Bild: © Bulang and Sons

Vintage im Museum

18

»Mit Beyer auf Zeitreise«

In dieser Jaeger-LeCoultre, einer ganz besonderen Vintage-Uhr, tickt mit dem Duoplan-Uhrwerk das kleinste mechanische Uhrwerk der Welt. Ein ähnliches Modell trug die Königin von England, Queen Elizabeth II, zu ihrer Krönung. Bild: Uhrenmuseum Beyer, Zürich

Vintage-Uhren sind Lebensgefühl! Sie lassen sich nicht nur bei Sammlern, Anlegern oder an den Handgelenken von Uhrenliebhabern finden, sie haben auch in Museen ihren festen Platz und verführen uns dort zu einer Zeitreise. In einer der bedeutendsten Uhrensammlungen der Welt, im Uhrenmuseum Beyer in Zürich, präsentieren sie sich neben antiken Kostbarkeiten und erzählen ihre ganz eigene Geschichte der Zeitmessung. Das Uhrenmuseum Beyer feierte am 11. März 2021 seinen 50. Geburtstag. Theodor Beyer, Uhrmacher, Uhrenhändler und passionierter Sammler, richtete unter dem Ladengeschäft an der Bahnhofstrasse 31 ein privates Uhrenmuseum ein und machte seine Sammlung der Öffentlichkeit zugänglich.

Neben Uhren und Zeitmessgeräten von der Antike bis in die Gegenwart bietet die Museumssammlung auch Vintage-Armbanduhren. Darunter eine Patek Philippe der Referenz 3940, ein Ewiger Kalender aus dem Jahr 1985. Die ersten 25 Exemplare besitzen ein spezielles Zifferblatt, sind unterhalb der Mondphase von 1 bis 25 nummeriert und tragen das Signet »Beyer« unter dem Schriftzug »Patek Philippe Genève«. Auf dem Gehäuseboden befindet sich eine von Hand ausgeführte Gravur mit der Nummer der Uhr und dem Hinweis auf das 225-jährige Firmenjubiläum des Hauses Beyer.

Auch überaus exquisite Armbanduhren für Damen, wie etwa eine zierliche Art-Déco-Damenarmbanduhr von IWC aus den 1920er-Jahren, bereichern die Sammlung. Die Uhr mit einem Handaufzugswerk besitzt ein

Eine weitere Besonderheit im Uhrenmuseum Beyer stellt die Referenz 3940, No. 1 dar. Sie wurde von Patek Philippe zum 225-jährigen Beyer-Jubiläum überreicht. Vermutlich hat sie Theodor Beyer selbst noch getragen. Bild: Uhrenmuseum Beyer, Zürich

Die Sammlung beinhaltet auch Sportuhren, wie diese Rolex Cosmograph Daytona mit der Referenz 6263, einer »Big Red« aus den frühen 1980er-Jahren. Das Museum ist stolz darauf, seine Objekte regelmäßig auch in anderen Ausstellungen zu zeigen. Beispiele dazu liefern die Ausstellung »Auf der Suche nach dem Stil« im Landesmuseum Zürich oder die Ausstellung «Robot. The human project» in Mailand. Die Besucher des Museums dürfen sich daher immer wieder auf unterschiedliche Inhalte in der Ausstellung freuen. Bild: Uhrenmuseum Beyer, Zürich

Gehäuse aus Platin, eine diamantene Entourage und ein feines Kettenarmband aus Weißgold. Sie zeigt anstelle des eigenen Namens auf dem versilberten Zifferblatt die Signatur des Detailhändlers »Beyer Zürich«. Ein weiteres wertvolles Beispiel in dieser Sammlung ist eine persönliche Armbanduhr von Emilie Beyer-Mathys (1900–1955). Die Patek Philippe mit der Inschrift auf dem Werk »Fabriqué spécialement pour Mme Beyer« stammt etwa aus dem Jahr 1932. Diese filigrane Goldarmbanduhr mit Kettenarmband, rechteckigem Gehäuse und silberfarbenem Zifferblatt mit einer Beyer-Signatur verkörpert ein Stück Beyer-Familiengeschichte. Zusammen mit ihrem Mann Theodor Julius Beyer (1887–1952) führte Emilie Beyer das Geschäft an der Bahnhofstrasse 31 und leitete es durch die schwierigen Jahre der Weltwirtschaftskrise. Die Uhr wurde ihr vermutlich von ihrem Mann zum 10. Hochzeitstag geschenkt. Eine weitere ganz besondere Vintage-Uhr ist die Damenarmbanduhr »Kaliber 101« mit viereckigem Gehäuse um 1950 von Jaeger-LeCoultre.

In den Werkstätten von Jaeger-LeCoultre wurde 1922 das Duoplan-Uhrwerk geschaffen, bei dem sich das Federhaus und das Räderwerk auf der ersten und die Hemmung auf der zweiten Ebene befindet. Das parallelflache Kaliber mit den Maßen 14 x 4,8 x 3,4 Millimeter wird 1929 als Kaliber 101 auf den Markt gebracht und hält noch heute den Rekord als kleinstes mechanisches Uhrwerk der Welt.

Zeit – Geschichte

19

Pilgerstätten für Vintage-Liebhaber

Uhrenmuseen sind ein Bindeglied zwischen Vergangenheit und Zukunft. Jede Uhrenmarke mit einer gewissen Geschichte besitzt ein Archiv und damit eine Sammlung von Erzeugnissen aus ihrer eigenen Vergangenheit. Immer mehr Marken machen heute erfreulicherweise ihre Sammlungen der Öffentlichkeit zugänglich.

Für echte Sammler und Liebhaber von Vintage-Uhren ist der Gang in solche Museen nahezu unerlässlich, da sich die Uhren hier auf eine ganz besondere Weise präsentieren. Sie sind umgeben von der Aura der Hersteller und bieten neben zahlreichen Dokumenten auch sichtbar gemachte, mündliche Überlieferungen.

Ein prominenter Vertreter ist das Deutsche Uhrenmuseum Glashütte. »Hier lebt die Zeit« ist nicht nur ein Schild am Ortseingang von Glashütte, es ist auch das gelebte Motto des Museums. Neben einer großen Anzahl an historischen Uhren stellen sich hier auch Objekte, wie Werkzeuge, Mobiliar bis hin zu Maschinen in einer publikumswirksamen Aufbereitung den zahlreichen Betrachtern. Dabei ist das Uhrenmuseum auch eine Schnittstelle zwischen dem Archiv, dem Museum selbst und so manchem Atelier,

Ein GUB Chronograph mit dem Kaliber 64. Sein Herstellungszeitraum: 1955–1961.
Bild: Deutsches Uhrenmuseum Glashütte, René Gaens

Zeitzeugen, welche die Gedanken ihrer Schöpfer erkennen lassen, sind Voraussetzungen dafür, Vintage-Uhren erst richtig zu verstehen. Oben: Modell »Automat«, Herstellungszeitraum 1960–1967. Unten: Spezimatic, Sonderedition für die Erbauer des Palastes der Republik der DDR, überreicht zur Einweihung des Palastes am 23. April 1976. Bilder: Deutsches Uhrenmuseum Glashütte, René Gaens

aus dem eines Tages das eine oder andere Uhrenmodell das Licht der Öffentlichkeit erblickt und zahlreiche Anregungen aus der »guten alten Zeit« oder einfach nur der Vergangenheit sichtbar werden lässt. Im Museum sind jedoch nicht nur Uhren einer Marke ausgestellt. Hier werden die geschichtsträchtigen Erzeugnisse der Uhrenhersteller aus Glashütte, aber auch der kleineren und weniger bekannten Marken in verschiedenen Ausstellungsräumen gezeigt.

Neben seinen Ausstellungen bietet das Museum mit seinem historischen Atelier von Glashütte Original eine Restaurierungswerkstatt. Sie ist Teil der Abteilung Kundendienst des Stifters Glashütte Original. Ein weiterer Service im Deutschen Uhrenmuseum Glashütte sind Archivauskünfte für Uhren der Glashütter Hersteller. Anhand historischer Unterlagen können Informationen über den ursprünglichen Zustand und zum Verkauf der vorgestellten Uhren gegeben werden. Auch zu Schülerarbeiten der Deutschen Uhrmacherschule Glashütte können Nachweise angefragt werden.

Werbe – Kunst

Plakate mit psychologischer Wirkung

20

Die Geschichte der Werbeplakate reicht im Grunde genommen weit über 2000 Jahre zurück. Was mit handgemalten Unikaten begann, konnte durch die Erfindung der Buchdruckerei im 15. Jahrhundert und später anhand der Lithographie in großen Stückzahlen erzeugt werden. Mit der Wanderung der Uhren aus der Weste an das Handgelenk im frühen 20. Jahrhundert machten bereits erste Plakate auf sie aufmerksam. Ob Schwarz-Weiß, handkoloriert oder im Offsetdruck, der Weiterentwicklung der Lithographie in den 1950er-Jahren, der Ausdrucksstärke dieser Werbeplakate kann sich kaum einer entziehen. Mit einfachen und dennoch packenden Bildern in harmonischen Farben wollen sie das Interesse der Menschen erwecken und auf deren Bedürfnisse eingehen. Sie entfesseln Wünsche in ihren Betrachtern und machen sie damit zu potenziellen Käufern.

Kunstwerke und veritabler Blickfang

Dank ihrer psychologischen Wirkung erlangten sie eine ausgesprochen starke Stellung als Werbemedium. Ihre Blütezeit erreichten Plakate in den 1920er- und 1930er-, in Bezug auf die Uhrenwerbung etwa in den 1950er-Jahren. Insgesamt reicht die Zeit der Uhrenplakate von etwa 1914 bis Ende der 1960er-Jahre. Dann wurde aus der Reklame die Werbung und die Drucke wurden von der Fotografie abgelöst. Heute sind Uhrenreklamen in Form dieser Plakatkunst überaus gesuchte Sammlerstücke und erzielen auf Auktionen teilweise Preise in der Höhe eines Kleinwagens. Bestimmte Plakate eignen sich zudem auch als wertstabile Anlage. Wie bei den Vintage-Uhren auch, sind dabei aber der Zustand, die Marke und das Alter entscheidend. Schnelle Gewinne lassen sich hier in der Regel nicht einstreichen. Doch der Werterhalt ist gegeben. Zudem sind sie ein veritabler Blickfang, schließlich spiegeln die Kunstwerke den jeweiligen Zeitgeist wider und zeigen zahlreiche kunstvolle Strömungen aus der Frühzeit des 20. Jahrhunderts. In ihnen lebt der Geist von Cappiello weiter. Größen wie Hans Rudi Erdt, Lucian Bernhard und Ludwig Hohlwein wirkten sicher beeinflussend auf die Uhrenwerbung, sie waren mit ihrer eigenen Kunstform Pioniere in der Frühzeit der Armbanduhren. Mit der Betrachtung vieler wunderschöner Werbeplakate wird zudem deutlich, wie viele Uhrenhersteller neben den noch heute bestehenden bereits erloschen sind.

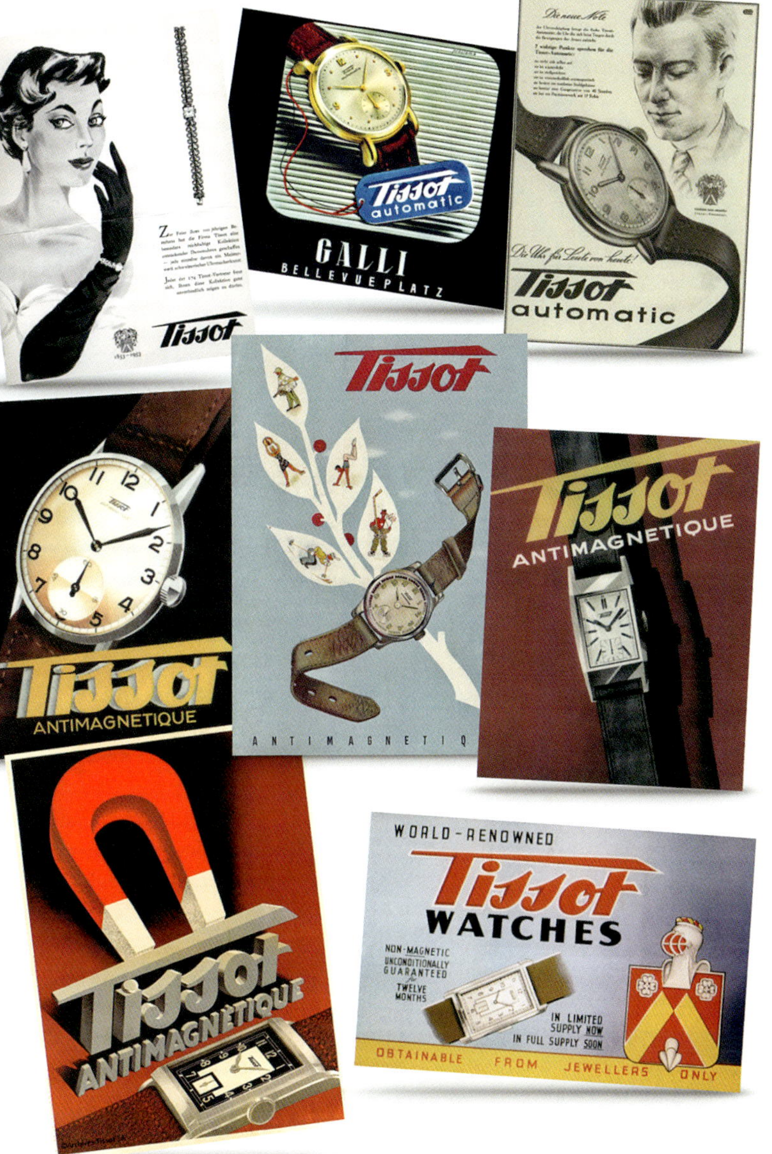

Ein kleiner Ausschnitt einer einzigen Marke, die den Weg auch in unsere Zeit geschafft hat. Die Vielfalt der Werbung ist nahezu grenzenlos. Sie begeistert, bewegt und inspiriert – damals wie heute. Bilder: Tissot

Double Signed

Cartier, Gobbi, Tiffany & Co.

21

Die Geschichte der Armbanduhren beginnt zu einer Zeit, in der das Reisen nicht so einfach war wie heute. Daher genossen die lokalen Einzelhändler unter Umständen einen weitaus höheren Bekanntheitsgrad, als die Hersteller der Uhren selbst. Diese Tatsache trat vor allem dann in Erscheinung, wenn sich eine Manufaktur etwa in einem neuen Gebiet oder einem anderen Land etablieren wollte. Um den Bekanntheitsgrad dieser Marken schneller zu erhöhen, erhielten zahlreiche Uhren neben der Signatur der Manufaktur zusätzlich die des Retailers.

Eine Rolex Prince mit der Zweit-Signatur »Beyer«, die bei Rolex in Genf aufgebracht worden ist. Die Chronometrie Beyer ist seit 1760 aktiv und damit einer der ältesten Einzelhändler der Welt. Bild: PHILLIPS

In den 1930er- und 1940er-Jahren wurden beispielsweise Rolex-Uhren in Zürich mit der Stempelung »Beyer« und in Luzern mit »Bucherer« versehen. Später entstand im Rahmen der zweifachen Signatur eine Übereinkunft zwischen den Händlern und den Manufakturen, ob der Händlername auf dem Zifferblatt stehen sollte oder nicht. Ab den 1960er-Jahren konnten die Kunden zudem vielfach selbst entscheiden, ob sie die Händlersignatur auf dem Zifferblatt haben wollten. Daher sind aus dieser Zeit oftmals die gleichen Zeitmesser mit oder ohne Signatur zu finden. Die Hersteller profitierten durchaus vom guten Ruf der lokalen Einzelhändler. Andererseits durfte der Händler aufgrund dieser Partnerschaft seinen Namen auf exklusive und kostbare Uhren setzen und warb damit für sich als offizieller Einzelhändler.

Die zweite Signatur wurde in der Regel von den Manufakturen selbst, in einigen Fällen jedoch auch von den Einzelhändlern auf das Zifferblatt aufgebracht. Im Allgemeinen wird dem New Yorker Juwelier Tiffany & Co. zugesprochen, den Trend zu den dop-

Freccero, ein einflussreicher Uhrenhändler mit Sitz in Montevideo, Uruguay, importierte seit seiner Eröffnung im Jahr 1868 die besten Uhren der Welt. Darunter Taschenuhren aus Glashütte und schließlich Armbanduhren von Patek Philippe. Seine doppelt signierten Uhren sind gesucht und noch immer zahlreich anzutreffen. Bild: PHILLIPS

pelt signierten Uhren gesetzt zu haben. Immerhin, seit 1851 arbeitet das Haus ohne Unterbrechung mit Patek Philippe zusammen, was ein Foto von Antoine Norbert de Patek beim Händeschütteln mit Charles Lewis Tiffany aus dem Jahr 1854 unter Beweis stellen soll. Hierzu gibt es unzählige bemerkenswerte Beispiele und doch zählen die Partnerschaften zwischen Herstellern und Einzelhändlern zu den eher vergessenen Abschnitten der Uhrengeschichte, die es wert sind, sie wieder zu entdecken. In einigen Fällen bestehen diese Partnerschaften bis heute und finden noch immer ihren Ausdruck im Double Signed.

Der Genuss einer besonderen Beachtung

Doppelt signierte Uhren stellen für viele ein eigenständiges Sammelgebiet dar. Diese Uhren mit ihrer doppelten Signatur liegen jedoch preislich deutlich über den regulären Sammleruhren.

»It started with a Mouse«

22

Rolex auf Abwegen?

Neben Coca-Cola, der Pizzakette Domino's oder den Signaturen des Sultans von Oman hat es auch die von Walt Disney erschaffene Zeichentrickfigur Mickey Mouse auf einige Rolex-Zifferblätter geschafft. Dazu verschob die Manufaktur sogar ihren Schriftzug und verzichtete auf zusätzliche Bezeichnungen. Walt Disney, selbst Träger von Rolex-Uhren, hatte wohl einen guten Zeitpunkt für die Zusammenarbeit mit Rolex gefunden. Ob das heute noch vorstellbar wäre, sei dahingestellt. Nicht verwunderlich sind die vielen Diskussionen und damit Zweifel an der Echtheit dieser Uhren. Tatsächlich aber hat Rolex einige seiner Zifferblätter mit der ikonischen Maus bedruckt. Deren Anzahl ist jedoch ausgesprochen gering. Dabei handelte es sich um die Modelle Oyster Precision, Perpetual-Date, Datejust in Stahl oder in Gold sowie die Day-Date. Es soll bereits im Jahr 1949 eine Rolex der Referenz 3131 mit Mickey auf dem Zifferblatt gegeben haben. Im Wesentlichen aber stammen die Uhren aus den 1960er- und 1970er-Jahren. Ihre Preise beginnen bei etwa 2.500 Euro für eine Precision, andere Modelle liegen deutlich darüber.

Original bedruckte Rolex-Uhren zählen zu den seltensten, aber auch den bekanntesten und außergewöhnlichsten Modellen der Manufaktur. Bild: LWM Italia Srl di Rimini

23

Co(ke) – branded

Eine spannende Geschichte

Pepsi oder Cola? Gemeint ist hier aber nicht etwa ein erfrischendes Getränk. Auch geht es nicht um die legendäre Rolex GMT-Master, die aufgrund ihrer schwarz-roten Farbgebung ihrer eloxierten Aluminumlünette »Coke« genannt wird. Die Rede ist von einer Rolex Oyster Perpetual, die den Hinweis »25 Years Service Coca-Cola« auf dem Zifferblatt trägt.

Co-branded Rolex-Uhren sind sehr selten. Sie sind daher weltweit gesucht und erzeugen bei Auktionen immer wieder großes Aufsehen. Nicht allzu oft kommen zwei der global bekanntesten Namen zusammen. Auftraggeber für diese Co-branded-Uhren war Coca-Cola. Hierfür wurden Rolex-Uhren der Oyster-Perpetual-Linie verwendet. Ob aus 14 Karat, 18 Karat Gelb- oder Rotgold, sie wurden als Belohnung für die Treue der Mitarbeiterinnen und Mitarbeiter von Coca-Cola in Auftrag gegeben. Als Vintage-Uhren überaus begehrt, erzielen sie je nach Zustand und Gehäusematerial Preise bis weit über 10.000 Euro. Doch Vorsicht: unter ihren Acrylgläsern können sich auch nachträglich aufgebrachte »Coca-Cola«-Drucke befinden!

Das Automatikwerk dieser Rolex Oyster Perpetual mit der Aufschrift »Coca-Cola« von etwa 1970 tickt in einem eher seltenen Gehäuse aus 750er Rotgold. Der Durchmesser der Referenz 1005 beträgt 34 mm. Bild: Beyer Chronometrie AG

Rätselhafte Uhren

24

Die Uhren des Sultans von Oman

Uhren entfesseln bei ihren Besitzern zuweilen lebhafte Fantasien. Das trifft besonders dann zu, wenn ihre Uhren spannende oder sogar rätselhafte Geschichten erzählen können. Eine davon steht in engem Zusammenhang mit einem Königshaus im Nahen Osten. Ein gebogener Dolch auf zwei gekreuzten Schwertern, mit oder ohne Krone, oder gar nur als Signatur auf dem Zifferblatt, hin und wieder sogar zusätzlich als Gravur auf dem Gehäuseboden, das sind die Erkennungsmerkmale des Außergewöhnlichen.

Mehrfacher Symbolcharakter

Außergewöhnlich schon aus dem Grund, dass beispielsweise eine Marke wie Rolex für das Khanjar, dem Nationalsymbol des Oman, auf seinen Schriftzug inmitten des Zifferblattes verzichtete. Nicht viele Verbindungen sind vergleichbar mit der königlichen Familie des Oman und den führenden Schweizer Uhrenmarken. Über viele Jahre im 20. Jahrhundert entstand diese Beziehung. Sie reicht weit in die Tage der Unabhängigkeit des Oman zurück und wurde zu einem Symbol für die Moderne der Monarchie im Nahen Osten sowie in der arabischen Welt. Im Mittelpunkt dieser Beziehungen stand kein Geringerer als der Sultan von Oman, Qabus bin Sa'id Al Sa'id. Er besuchte einst eine Privatschule in England. In Lon-

Kontrovers geführte Diskussionen

Immer wieder dreht sich die Frage darum, von wem die Khanjar-Signaturen auf die Zifferblätter aufgebracht wurden. Vielerorts wird angenommen, dass diese von den Marken mit ihrer beeindruckenden Präzision auf das Zifferblatt reproduziert worden sind. Diese haben jedoch in der Regel nur modifizierte Zifferblätter zur Verfügung gestellt. Dabei ließen sie Platz für das Khanjar und verzichteten stattdessen auf Teile ihrer eigenen Signatur. Mit seiner zentralen Rolle zwischen dem Sultan und den Schweizer Marken bedruckte Asprey in seinen Werkstätten in London modifizierte als auch unveränderte Zifferblätter an den von ihm selbst vorgesehenen Stellen. Da nicht immer genügend Platz zur Verfügung stand, wirken manche Bedruckungen etwas überladen.

Würde Rolex auch heute noch, wie hier bei einer Daytona von 1973, auf seinen Schriftzug »ROLEX Oyster Cosmograph« verzichten und ihn gegen eine Signatur des Sultans von Oman eintauschen? Bild: LWM Italia Srl di Rimini

don lernte er einen seiner engsten Freunde kennen. Tim Landon, später Brigadegeneral Sir James Timothy Whittington Landon, KCVO, war maßgeblich an der Entwicklung des Sultanats Oman beteiligt. Im Jahr 1970 setzte Qabus seinen Vater durch einen Staatsstreich ab und ergriff selbst die Macht. Er war aber auch um die Modernisierung des Landes bemüht und investierte in dessen Infrastruktur. Die Ölkrise und die in der Folge steigenden Preise für Erdöl spielten ihm dabei in die Karten.

Liebhaber und früher Sammler

Landon stellte eine Verbindung zu Asprey her. Asprey, als traditionsreicher Juwelier in London, konnte die Wünsche des Sultans erfüllen und sorgte zudem für die doppelte Signatur der Uhren mit dem um 1970

Der gebogene Dolch an einem Gürtel auf zwei gekreuzten Schwertern mit Krone auf einer IWC Ingenieur SL von 1985, Referenz 3506. Das Khanjar ist auch in anderen Farben bekannt. Bild: Subdial Watches

eingeführten Nationalsymbol des Oman. Dieses Amtswappen sollte die Macht Qabus' darstellen. Asprey verschaffte ihm einen beinahe direkten Draht zu einigen der etabliertesten Uhrenmarken der Welt. Der Sultan war Liebhaber und früher Sammler von Schweizer Zeitmessern – und das zu einer Zeit, in der sich das Sammeln von Armbanduhren noch bei Weitem nicht in der Breite durchgesetzt hatte. Asprey bestellte die Uhren in der Schweiz und lieferte sie an den Sultan von Oman. In Folge seiner natürlichen Großzügigkeit wurden viele dieser doppelt signierten Uhren von Qabus verschenkt. Der Sultan verfügte neben seinen königlichen Jachten, zahlreichen Palästen und einer Sommerresidenz bei Garmisch-Partenkirchen über eine große Sammlung an Armbanduhren. Neben ein paar weiteren waren das im Wesentlichen Uhren von Audemars Piguet, IWC, Patek Philippe und Rolex. Zu den heute als »Professionals« bezeichneten Uhren verlangte der Monarch aber auch nach einfacheren Uhren, wie beispielsweise eine Rolex Oyster Perpetual Date in Stahl. Uhrengeschichtlich überraschend dürfte die Zeitstrecke sein, in der der Sultan seine Verbindungen zu den Uhrenfirmen knüpfte und sie so stark ausbauen konnte.

Spitzenpreise für Khanjar-Uhren

Die heute sehr gesuchten Uhren mit seinen Signaturen sind dem im Jahr 2020 in Maskat verstorbenen Monarchen zu verdanken. Es war schließlich seine Idee, den Einfluss und die Anerkennung des Oman zu verbreiten. Sie ist damit von zentraler Bedeutung für die Geschichte der Khanjar-Uhren. Seit Jahren sind diese Uhren überaus gesucht und erzielen hohe Preise.

25

Geheime Zeichen

Informationen aus der Vergangenheit

Um die eingeritzten Zeichen ranken sich viele Geschichten. Einfach dargestellt, sind darin die Initialen des Uhrmachers, Monat, Jahr, als auch die Art der ausgeführten Arbeiten, also eine Reparatur oder eine Revision, aber auch die Einschätzung des Zustandes der Uhr enthalten. Bild: Uhrmachermeister Hans Mikl, Wien

Im Verborgenen unserer Vintage-Uhren lassen sich oftmals geheime Zeichen finden. Auf dem Werk, unter dem Zifferblatt, in der Regel jedoch auf dem Gehäuseboden. Mit diesen dokumentarischen Hinterlassenschaften schützen sich Uhrmacher vor ungerechtfertigten Reklamationen. Sie bescheinigen hier aber auch den Zustand der Uhr oder die Art ihrer Arbeiten.

Für den Laien sind viele dieser kryptischen Zeichen nicht oder nur schwer zu entschlüsseln. Ihre Bedeutung unterscheidet sich oftmals nach Land, Region, innerhalb der Firmen oder unter den Uhrmachern selbst. Teilweise existieren noch Verzeichnisse, anhand derer die Uhrmacherzeichen gedeutet werden können. Ähneln sich die Zeichen, war der gleiche Uhrmacher tätig. Befinden sich Jahreszahlen darunter, besteht die Möglichkeit, die Historie dieser Uhr und damit ihre Wartungsintervalle zu erkennen. Je älter und gepflegter eine Uhr ist, umso mehr solcher Zeichen müssen sich finden lassen.

Pflege und Erhaltung

26

Außen hui – und innen?

Zahllose Uhren fristen ihr Dasein nach dem Motto »… denn wie's da drinnen aussieht, geht niemand was an«. Diese Einstellung sollte sich jedoch auf die Operette »Land des Lächelns« von Franz Lehár beziehen. Leider liegt den Uhren nur selten eine vollständige Revisions- und Servicegeschichte bei.

Ein derart verschmutztes Werk wird seinen Dienst nicht mehr oder nur noch unzuverlässig erfüllen können. Eine Revision ist hier unabdingbar. Bilder: Uhrmachermeister Hans Mikl, Wien

Anders formuliert: Der Käufer einer alten Uhr weiß in der Regel nicht, in welchem Zustand sich ihr Werk befindet. Hier hilft auch das Öffnen der Uhr und eine Inaugenscheinnahme dessen, was sich da bietet, wenig.

Ein sauberes Werk ist ein guter Anfang, doch wie sieht es mit dem Öl aus und wie alt ist es? Auf die Uhrmacherzeichen im Gehäuseboden ist heute kein großer Verlass mehr. Wer seine Vintage-Uhr für die nächsten Jahre nur in eine Vitrine legen möchte, ist fein raus. Die Tage einer trockengelaufenen Uhr sind nicht gezählt – solange sie stillsteht. Doch soll eine Uhr tagtäglich ihrer Bestimmung folgen und die genaue Zeit anzeigen, muss etwas getan werden! Der Weg zum Uhrmacher ist damit unerlässlich. Ihm bietet sich zuweilen ein trauriges Bild. Trockengelaufene Uhrwerke und in der Folge unbrauchbare Lager, aufgelöste Dichtungen, vollkommen verschmutzte Werke oder verbogene Zapfen sind keine Seltenheit. In Abhängigkeit zur Schwere der Schäden kann das zur Feststellung eines Totalschadens führen, eine Reparatur ist demzufolge dann unwirtschaftlich.

In Abhängigkeit vom Willen und den Fähigkeiten eines Uhrmachers ist jedoch vieles möglich. Oftmals können noch neue Ersatzteile aufgetrieben werden. Besteht dazu keine Möglichkeit mehr, müssen die entsprechenden

Das Werk dieser Uhr von Longines sieht gepflegt und sehr sauber aus. Doch wie sieht das unter den Platinen aus und in welchem Zustand befinden sich das Öl, die Lagersteine oder die Unruhzapfen?

Bauteile angefertigt werden. Eine weitere Möglichkeit ist das Ausschlachten alter Referenzuhren. Das sollte jedoch nur im Notfall in Betracht gezogen werden, da die Bauteile in der Regel ebenfalls alt sind und der Physik folgend nicht mehr die Genauigkeit sowie die Lebensdauer aufweisen, wie das von einem neuen Bauteil erwartet werden darf. Daher gilt hier der unbedingte Rat, eine mechanische Uhr grundsätzlich und regelmäßig warten zu lassen. Nur so kann sie eine lange Lebensdauer erreichen und ist bei einem eventuellen Verkauf deutlich mehr wert. Vielleicht kann ihr dann sogar eine Revisions- und Servicegeschichte beigelegt werden.

Authentifizierungsklassen

Die Bewertung von Vintage-Uhren

27

Ob zum Tragen, zum Sammeln oder gar als Wertanlage, der Kauf einer Vintage-Uhr setzt eine entsprechende Prüfung sowie eine anschließende Bewertung voraus. Dabei zählt zunächst der optische Eindruck. Doch der kann täuschen! Nur allzu oft werden Uhren überschliffen und vor allem nachpoliert, was das Zeug hält. Einige dieser Eingriffe lassen sich mit bloßem Auge erkennen. Neben dem Äußeren zählen bei einer Uhr aber auch das Zubehör und vor allem der Zustand ihres Werks.

Mit der Feststellung der Authentizität, der Einschätzung einer Uhr und einer technischen Bewertung können unangenehme Überraschungen verhindert werden. Vor allem Wartungskosten und die Beschaffung von erforderlichen Ersatzteilen können besonders bei Vintage-Uhren schnell zur

Ia 100 Prozent, vollständiger Originalzustand der ursprünglichen Fertigung. Gegebenenfalls Wartungen oder kleine Reparaturen mit Originalteilen, keine technischen oder optischen Veränderungen.

Ib 90 Prozent, vollständiger Originalzustand der ursprünglichen Fertigung. Wie I a, jedoch mit optischer Aufarbeitung einzelner Teile wie etwa des Gehäuses. Aufgrund ihrer Abnutzung wurden einzelne Bauteile wieder in den Originalzustand versetzt.

In Abhängigkeit zur Aufarbeitung kann eine Uhr auch in Kategorie II eingestuft werden.

II 75 Prozent, vollständig original, aber nicht mehr im Zustand der ursprünglichen Fertigung. Einzelne Bauteile wurden durch nicht im ursprünglichen Fertigungszustand vorgesehene Teile ersetzt. Dabei handelt es sich beispielsweise um zu vernachlässigende Ersatzteile, wie etwa eine Krone.

III 65 Prozent, nicht vollständig original und nicht im Zustand der ursprünglichen Fertigung.

Einzelne Bauteile wurden zur Wiederherstellung der Funktionalität durch nicht originale Teile oder nicht passende Originalteile ersetzt.

IV 55 Prozent, nur teilweise original, kombiniert mit reproduzierten oder nicht passenden Originalteilen. Bereits eine Mariage.

V 25 Prozent, Fälschung, kombiniert mit Originalteilen.

Feststellung der Unwirtschaftlichkeit führen. Durch Abnutzung und Reparaturen entstehen an älteren Uhren diverse Veränderungen. Bestimmte Bauteile mussten durch andere, nicht originale oder auch eigens angefertigte Teile ersetzt werden. Damit verliert eine Uhr an Wert. Vor allem dann, wenn sie zu Anlagezwecken verwendet werden soll. Dabei kann jedoch nach Uhrentypen unterschieden werden. Eine alte Taucheruhr von Panerai kann im Gegensatz zu einer Patek Philippe Calatrava weitaus mehr oberflächliche Beschädigungen aufweisen und ist trotzdem noch immer für den Kauf attraktiv.

Ein dezidiertes Fachwissen ist für die exakte Beurteilung einer Uhr von großem Vorteil.
Bilder: Uhrmachermeister Hans Mikl, Wien

Wenig abgerundete Kanten am Gehäuse, keine verbogenen Hörner und die Krone mit einem scharfen Rändel deuten auf einen sanften Gebrauch oder eine gute, fachgerechte Reparatur hin.

Live or Let Die?

28

Used watches – »abgerockte Arbeitstiere«

Meist ist es ein Zufall. Plötzlich liegt die heiß begehrte Vintage-Uhr auf dem Tisch einer Sammlerbörse. Doch leider befinden sich gerade solche Stücke oftmals in einem recht unerfreulichen Zustand. Zwangsläufig stellt sich dann die Frage, ob es sich für diese Uhr noch lohnt, sie wieder gebrauchsfähig reparieren und darüber hinaus optisch aufarbeiten zu lassen. Jeden Tag getragen, entstehen mit der Zeit zwangsläufig Schäden an den Uhren. Zu den üblichen Kratzern am Gehäuse und Band kommen verkratzte, erblindete Kunststoff- oder angeschlagene Saphirgläser, ausgeleierte Bänder, verbeulte Schließen, bestoßene Kronen, durch Alterung beschädigte Indexe oder ein Wasserschaden, vom Werk erst gar nicht zu sprechen.

Sinnvoll ist die Restauration einer Vintage-Uhr prinzipiell dann, wenn sie wertvoll ist oder eine emotionale Bindung besteht. Ungeachtet ihres Allgemeinzustandes sind ein guter Uhrmacher, Originalersatzteile und ein entsprechender Geldbeutel Voraussetzung. Ein gutes Beispiel ist dieser Breitling Chronograph. Nahezu alles ist verbraucht, oxidiert und Bauteile fehlen bereits. Eine alte oder antike Vintage-Uhr kann jedoch optisch und technisch anhand einer Restauration, die eine Reparatur darstellt, mit viel Fachwissen und einem großen Bestand an Ersatzteilen wieder aufgearbeitet werden. Hilfreich für den Uhrmacher ist auch ein großes Netzwerk an Kol-

Zum Wegwerfen zu schade. Diese Uhr hat viele Jahre in einer Schublade verbracht. Doch hat dieser Breitling Chronograph das Zeitliche gesegnet und damit für immer ausgedient?

Phönix aus der Asche: Viel Arbeit steckt in dieser Reparatur. Dank des hervorragenden Ergebnisses kann ihr Besitzer sicher noch viele Jahre Freude an ihr haben. Bilder: Uhrmachermeister Hans Mikl, Wien

leginnen und Kollegen sowie Lieferanten, über die er seine Ersatzteile beschaffen kann.

Können Ersatzteile trotz guter Kontakte nicht mehr besorgt werden, besteht die Möglichkeit, sie mit CNC-Maschinen anzufertigen. Das gilt vor allem für Zifferblätter, Zeiger, Achsen oder Buchsen. Uhrengehäuse werden durch Schleifen und Polieren wieder schön. Tiefere Macken und Dellen können im Mikro-Schweißverfahren gefüllt werden.

Wertverlust durch unvollständige Originalität

Da diese Arbeiten häufig zeitintensiv und teuer sind, sollte der Uhrmacher kontaktiert und ein Kostenvoranschlag angefordert werden. Im Gespräch zeigt sich meist, wie der Uhrmacher mit der Uhr umgeht und welche Vorgehensweise er wählt. Nicht immer können jedoch die alten Originalbauteile beschafft oder in der gleichen Weise wie einst erstellt werden. Das gilt vor allem für Zeiger oder Indexe mit einer Radium- oder Tritiumbeschichtung. Bei Vintage-Uhren führt aber das Fehlen oder die unvollständige Originalität häufig zu einem deutlichen Wertverlust.

Ersatzteilsuche

Paradiese in der Servicewüste

29

Uhren-Liebhaber haben oftmals nur die Möglichkeit, ihr defektes Stück bei einem Juwelier abzugeben. Viele davon verkaufen aber leider nur Uhren und wechseln vielleicht einmal eine Batterie. Revisionen oder gar Reparaturen werden in den meisten Fällen nur bei Modellen aus dem eigenen Sortiment vorgenommen. Defekte Vintage-Uhren hingegen senden Juweliere in der Regel zum Hersteller, sofern dieser noch existiert und passende Ersatzteile vorrätig hat. Ist das nicht der Fall, und das passiert immer häufiger, kommt die Uhr im unreparierten Zustand mit der Aussage zurück: »... da kann man leider nichts mehr machen«. Doch *noch* gibt es die Möglichkeit, ein altes Stück einem freien Uhrmacher oder einem Furnituristen anzuvertrauen.

Oftmals die letzte Hoffnung

Ist es Ihnen aufgefallen? Im letzten Satz ist das Adverb »*noch*« enthalten. Leider gibt es nur *noch* wenige freie Uhrmacher und *noch* viel weniger Furnituristen. Letztere sind spezialisierte Händler für Uhren-Einzelteile. Ihre Bezeichnung leitet sich aus dem Französischen ab und bezeichnet das Zuliefern oder auch Beschaffen. Viele unter ihnen haben in den Jahren der Quarzkrise aufgegeben. Die, die überlebt haben, können in zahlreichen Fällen Ersatzteile aus ihrem Lager anbieten, die es andernorts schon lange nicht mehr gibt. Das gilt auch für Ersatzteile längst erloschener Marken. Nicht selten sind sie die letzte Hoffnung für Besitzer von Vintage-Uhren. In Deutschland gibt es nur eine Handvoll dieser spezialisierten Händler. Neben ihrem wertvollen Fachwissen gewinnt auch ihr Ersatzteillager zunehmend an Bedeutung. Ersatzteile sind vor allem dann von großer Bedeutung, wenn die Vintage-Uhr überaus selten und wertvoll ist, und der Hersteller bereits keine Ersatzteile mehr in seinem Lager findet. Zudem ist eine Reparatur auf diesem Wege meist deutlich günstiger als beim Hersteller selbst. Vor allem bei den Herstellern von Luxusmarken sind in vielen Fällen hohe Preise für eine Revision oder eine Reparatur zu entrichten. Steht also nur ein kleineres Budget zur Verfügung, könnte das der Königsweg sein. Leider sind die wenigen freien Uhrmacher – und natürlich auch Furnituristen – in den letzten Jahren nicht mehr mit Ersatzteilen bestimmter Hersteller versorgt worden.

Wenn Hersteller nicht mehr existieren

Man hört es allerorten: Möchte ein Uhrmacher Ersatzteile bei einem Hersteller bestellen, erhält er meist eine Absage. Viele Hersteller machen eine Ersatzteillieferung von einer stufenweisen Marken-Zertifizierung abhängig. Die dafür notwendigen Lehrgänge und die Anschaffung von teuren Marken-Spezialwerkzeugen können jedoch einen Kostenaufwand von bis zu 25.000 Euro in der höchsten Zertifizierungsstufe bedeuten. Und das pro Marke! In einigen Fällen hat sich das Blatt auch wieder gewendet. Hersteller fragen wieder bei Furnituristen nach Ersatzteilen an, da ihnen das eine oder andere Bauteil ausgegangen ist. Die Stärke vieler Furnituristen liegt darin, dass sie weltweit miteinander vernetzt sind. So kann der »Eintrittspreis« bei einem Hersteller für eine Bestellung von Ersatzteilen leichter aufgebracht werden, wenn sich Uhrmacher Ersatzteile untereinander aufteilen. Ein großer Furniturist in Deutschland ist das Unternehmen Ernst Westphal e. K. in Hamburg. Hier werden beinahe sieben Millionen Bauteile für Uhren verwaltet. Und natürlich auch solche von Herstellern, die längst nicht mehr existieren. Dass es sich bei der Besorgung von Ersatzteilen nicht immer »nur« um mechanische Uhren handelt, zeigt ein speziel-

Nicht jeder Hersteller ist in der Lage, für alle seine Uhren über viele Jahrzehnte jedes Bauteil als Ersatz vorzuhalten. Doch selbst dann wird sich das Lager eines Tages lichten. Bild: Vacheron Constantin

Die Omega Time Computer II, versehen mit einem neuen und vor allem weit gereisten Glas. Bild: Thomas Krim, Ernst Westphal e. K.

ler Fall dieses Unternehmens bei einer Omega Time Computer II aus der Zeit der Quarzkrise der 1970er-Jahre. Ihr Glas war gesprungen und musste erneuert werden. Doch so ein Glas heute noch zu bekommen, ist selbst für eingefleischte Furnituristen nicht einfach. Dank eines großen Netzwerks konnte jedoch ein Original-Glas ausfindig gemacht werden. In diesem Fall befand es sich in Südamerika, was die Kosten durch Steuern und Versand in die Höhe trieb. Aber wenn das Herz nun einmal an einer alten Uhr hängt, sind echte Liebhaber gerne bereit, auch das zu akzeptieren.

Doch wer sucht einen Furnituristen auf? Tatsächlich sind es neben einigen Herstellern vor allem Endkunden, die Ersatzteile anfragen. Da jedoch jeder Vorrat an Ersatzteilen eines Tages zu Ende geht, muss ein Furniturist immer wieder für Nachschub sorgen, was aber leider von Jahr zu Jahr schwieriger wird.

30

Lebensspuren

Können sich Uhren eine Patina leisten?

In der Regel steigert eine gute Erhaltung den Wert einer Vintage-Uhr. Doch muss hier unterschieden werden, welche Veränderungen eine alte Uhr im Laufe ihres langen Lebens erfahren hat – und damit sind nicht ausschließlich Beschädigungen durch ihren Besitzer gemeint. Für alles gibt es bekanntlich Liebhaber, auch für Uhren, deren Leben ganz offensichtlich

Eine Rolex Submariner 5513 »Underline« mit gleichmäßiger Blässe aus dem Jahr 1964. Bereits 1962 begann Rolex mit einem Punkt auf 6 Uhr oder Strichen unterhalb, aber auch über der Zeigerachse auf den Einsatz von Leuchtmittel mit einem reduzierten Anteil von Radium hinzuweisen. Bild: © Bulang and Sons

Die Patek Philippe Nautilus der Referenz 3700/1 von 1978 hat Farbe gelassen.
Aus Schwarzblau wurde in diesem Fall Cognacfarben. Damit steigt ihr Wert erheblich!
Bild: Auktionen Dr. Crott

anstrengend verlaufen sein muss. Gerne als »abgerockt« bezeichnet, erreicht eine Omega Speedmaster Professional mit Riefen im Hesalitglas und tiefen Macken im Gehäuse unter Umständen noch einen sehr guten Preis.

Regelrecht gesucht werden jedoch Stücke, deren Veränderungen nicht durch den regelmäßigen Gebrauch entstanden sind, sondern beispielsweise durch die Verwendung falscher Lacke oder den Einfluss von UV-Strahlen. Oftmals stehen hier Rolex-Uhren im Fokus der Interessenten. Die unterschiedlichen Formen der Patina erhalten Namen, wie Tropical Dial, Pink Lady, Spiderweb oder Patrizzi-Effekt. Diese Merkmale wirken sich wertsteigernd aus, teilweise sogar erheblich! Ein Beispiel ist die »Pink Lady«. Hier hat sich über die Jahre die Aluminiumeinlage der Lünette in ein regelrechtes Pink verfärbt. Nach der Verwendung von Bakelit bis hin zur Einführung von Keramikeinlagen wurden bei Rolex-Inlays aus Aluminium gefertigt und rot, blau oder schwarz eloxiert. Durch Abrieb, hauptsächlich jedoch durch UV-Strahlung, veränderte sich die Farbe. Die vornehme Blässe ist dabei das Phänomen. Je nach Referenz gilt: je blasser, desto teurer.

Absolute Unikate durch UV-Strahlen

Der sogenannte Patrizzi-Effekt tritt hin und wieder bei einer Rolex Daytona der Referenz 16520 aus den Jahren 1993 bis 1995 zutage. Dabei haben sich die Einrahmungen der Totalisatoren von ihrer ursprünglich silbernen Farbe in Beige, in manchen Fällen sogar ins Bräunliche verfärbt. Der Grund dafür ist die Verwendung eines Schutzlackes, unter dem eine Oxidation stattfinden konnte. Benannt wurde der Effekt nach dem Autor und Auktionator Osvaldo Patrizzi, der diese Veränderung erkannte und beschrieb. Unter dem Begriff Spiderweb oder auch Spider Dial werden Zifferblätter verstanden, deren Lackschicht aufgrund des Untergrunds einer bestimmten Charge mit der Zeit feine Risse bekam. Meist sind diese nur aus einem bestimmten Winkel des Lichteinfalls zu erkennen, andere hingegen mit einem einfachen Blick. Betroffen davon sind oder waren beinahe alle Marken. Besonders aber sind hier Modelle von Rolex gemeint, wie beispielsweise die Sea-Dweller oder die GMT-Master. Ein überaus sympathisches Phänomen ist das Tropical Dial. Darunter werden Zifferblätter eingeordnet, deren originale Farbe sich durch den Einfluss von UV-Strahlen verändert hat. So wurden beispielsweise schwarze Rolex-Zifferblätter mit der Zeit braun. Solche Veränderungen fallen naturgemäß verschieden aus und werden daher monetär unterschiedlich bewertet. Alle diese Veränderungen lassen die Uhren zu einem absoluten Unikat werden. Bestimmte Uhren dürfen es sich also durchaus erlauben, eine Patina zu bekommen!

Wilde Geschichten

31 Marketing einer anderen Zeit

Beinahe jeder Rolex-Träger, zumindest der einer Submariner, hat einmal etwas von der Tauchfahrt der »Trieste« gelesen, bei der im Jahr 1960 eine an der Außenhaut der Druckkörperkugel befestigte Rolex Deep Sea Special die enorme Tauchtiefe von 10.916 Metern erreichte.

Die Trieste am Haken. Bei der von Jacques Piccard und Don Walsh geleiteten Tiefsee-Expedition im Jahr 1960 erreichte eine Armbanduhr an der Außenhaut der Bathysphäre eine Tauchtiefe von 10.916 Metern und überstand die Challenge – Weltrekord. Bild: National Museum of the United States Navy/U.S.Navy

Rolex beteiligte sich zur Erweiterung seiner Erfahrungswerte in Bezug auf die Wasserdichtigkeit von Armbanduhren gerne an solchen Expeditionen – und nutzte es werbewirksam. Dass ein solches Ereignis zu Beginn der 1960er-Jahre weitaus spektakulärer wirkte, als das heute der Fall ist, bleibt unbenommen. Beispiele für solche Ereignisse gibt es zuhauf. Ob das die

Erstbesteigung des Mount Everest war, die erste Mondlandung oder Uhren, die bei spektakulären Autorennen ihre Robustheit unter Beweis stellen mussten, ihre Leistungen wurden werbewirksam dargestellt. In einigen Fällen wurden unsere Vintage-Uhren tatsächlich grausamen Tests unterzogen. Ein Beispiel dazu lieferte Tudor. Sogar von einem regelrechten »Versuch der Zerstörung« war dabei die Rede. Dazu wurden sechs Tudor-Oyster-Uhren von Arbeitern getragen, die pausenlos mit einem Presslufthammer arbeiteten. Weit mehr als eine Million harter Stöße wurden dabei gemessen. Ein überaus harter Test – den die Uhren jedoch klaglos überstanden. Weitere Tudor-Uhren wurden für die British North Greenland Expedition 1953 herangezogen und mussten unter extremen Witterungsverhältnissen ihre Ganggenauigkeit unter Beweis stellen. Eine weitere Tudor durfte im Jahr 1954 beim 29-stündigen Wettbewerb um die »Trophée Monaco« einen Rennfahrer begleiten, der mit seinem Motorrad die bergige Strecke bewältigte. Die Tudor blieb unversehrt und büßte ihre Ganggenauigkeit nicht ein. Das Motorrad litt jedoch deutlich. Solche »Uhrentests« waren für diese Zeit einzigartige Ereignisse, die den Uhrenherstellern Erfahrungswerte einbrachten, aber auch werbewirksam waren. An diesen Zeitzeugen haften ihre Geschichten unauslöschlich bis zum heutigen Tag.

Harte Lifetime-Tests

Nicht immer wurden diese Geschichten von den Herstellerfirmen initiiert. In zahlreichen Fällen lieferten auch einfach nur die Besitzer einer Uhr ihre Ergebnisse aus bestimmten Ereignissen an die Uhrenhersteller. In einigen Fällen entstanden daraus sogar einzigartige Werbekampagnen mit großer Tragweite. Ein Beispiel dazu zeigte uns die private Uhr von Wally Schirra, die er 1962 einfach an Bord der Mercury-Atlas 8 ins All mitnahm. Als 1969 die Omega Speedmaster Professional die erste Mondlandung begleitete, erregte sie ebenfalls ein entsprechendes Aufsehen. Auch hierbei wurden anhand zahlreicher Tests Erfahrungen gesammelt, die sich auf die Produktion der Armbanduhren auswirken sollten. Immerhin, die Speedmaster war nach Verlassen der Raumkapsel einer raschen Temperaturschwankung von plus 93 bis minus 18 Grad Celsius ausgesetzt. Wie mag es im Vergleich dazu einer Uhr ergehen, die eines Tages eine Marsmission begleitet und ein Jahr oder mehr im Weltall verbringt – welche auch immer es sein wird? Sicher ist es die Glorifizierung des Alten, also der Vergangenheit. Aber es sind vor allem die Pionierleistungen der frühen Tage in der Luft-, der Raumfahrt, der ersten Tauchversuche in der Tiefsee und vieles mehr, die an unseren Vintage-Uhren haften und sie zu dem machen, was wir in ihnen sehen können und bestimmt auch wollen!

Gefragt und teuer

Rekordpreise für alte Panerai-Modelle

32

Uhren von Panerai gelangten im Prinzip nicht in private Hände. Bereits in den 1930er-Jahren entwickelt, waren die wasserdichten Uhren ausschließlich dem Militär, vor allem der Marina Militare, vorbehalten. Erst rund sechzig Jahre später sollte sich das ändern. Durch Kürzungen im Militärhaushalt und Ausbleiben von Bestellungen sah sich Panerai gezwungen, neue Wege zu gehen. 1993 öffnete sich Panerai der Öffentlichkeit.

Erfreulicherweise wurde die erfolgreiche Formensprache der klassischen Uhren auch nach der Übernahme des Unternehmens durch die Richemont-Gruppe im Jahr 1997 fortgesetzt. Die in der Zeit von 1993 bis 1997 produzierten Modelle werden als »Pre-Vendome«-Modelle bezeichnet. Die Popularität der Marke stieg stetig. Heute reißen sich Händler um eine Konzession. In der großen Fangemeinde, den Paneristi, schlagen die Herzen höher, wenn es um die historischen Uhren von Panerai geht. Doch diese sind sehr selten und teuer! Hier wird immer wieder eine Zahl genannt. Von etwa dreihundert Stück ist die Rede, die insgesamt seit den 1930er-Jahren für das italienische Militär produziert worden sind.

Rolex inside!

Raritäten sind aber nicht nur die ersten »Radiomir«-Modelle. Das Leuchtmittel auf Radium-Basis ließ sich Panerai bereits 1916 patentieren. Vor allem bei den in den 1940er-Jahren eingeführten Sandwich-Zifferblättern der »Radiomir«-Linie, bei denen im Grunde zwei Zifferblätter übereinander liegen, wurde auf dem unteren das Leuchtmittel nicht gerade sparsam aufgetragen. Aus dem oberen sind die Markierungen und Ziffern ausgefräst. Die große Gefahr der radioaktiven Strahlung war zu dieser Zeit noch nicht hinreichend bekannt, wohl aber die Tatsache, dass eine dick aufgetragene Leuchtmasse zu guten Ergebnissen in der Leuchtkraft führt. Mit Radium bestrichene Uhren wurden bis in die 1950er-Jahre produziert. Doch schließlich wurde die »Radiomir« zur »Luminor« weiterentwickelt. Die zwischenzeitlich gewonnenen Erkenntnisse trugen dazu bei, eine neue Leuchtmasse auf Tritiumbasis zu verwenden und die Linie im Januar 1949 unter dem Namen »Luminor« zu patentieren. Auch die etwas dünn wirkenden, an die kissenförmigen Gehäuse angelöteten Bandanstöße wichen einer massiven Konstruktion mit den aus einem Block ge-

Uhren mit viel Geschichte. Eine von Sylvester Stallone im Film »Daylight« getragene Panerai erzielte bei einer Auktion deutlich über 200.000 US-Dollar. Der Rekord jedoch liegt bei 425.000 Schweizer Franken. Bild: Uhren-Blog CHRONONAUTIX.com

frästen Bandanstößen. Der jedoch wesentlichste Meilenstein in der Entwicklung der Uhren ist ihre Kronenschutzbrücke. Anstelle der bisher verschraubten Kronen brachte die Neuentwicklung eine Brücke aus Stahl hervor, in der ein Hebel die Krone an die Gehäuseflanke drückt und so das Eindringen von Wasser verhindert. Zudem wirkt die markante Stahlbrücke als Kronenschutz und sorgte darüber hinaus für einen enormen Wiedererkennungswert. Doch dafür hatte man in den 1950er-Jahren noch wenig Sinn, denn auch das Modell war für die Kampfschwimmer vorgesehen. Diese einzigartige Geschichte seit 1936 und ihre historischen Charaktermerkmale machen die Uhren aus dem Hause Panerai heute so begehrenswert. Ihr Bekanntheitsgrad erhöhte sich in den 1990ern nochmals beträchtlich, als Sylvester Stallone im Film »Daylight« Panerai-Taucheruhren trug. Aus dieser Zeit stammt auch das Modell Luminor Daylight SLY TECH mit weißem Zifferblatt. Bis zur Einführung eines ersten Manufakturkalibers im Jahr 2005 arbeiten in den Panerai-Uhren zugekaufte Werke von Rolex, auf der Basis eines Cortébert-Taschenuhrkalibers, gefolgt von Werken der Stolz Frères SA und Angelus. Übrigens: Im Panerai-Logo lassen sich zwei Pfeile finden. Der Pfeil nach unten steht für die Unterwasser-Produkte, der Pfeil nach oben für die Produkte der Luftwaffe.

Urgestalt der Taucheruhr

1953, ein geschichtsträchtiges Jahr

33

In Bezug auf das Gründungsjahr ist Blancpain die älteste Uhrenmanufaktur der Welt. 1735 von Jehan-Jacques Blancpain gegründet, entstanden hier zahlreiche Innovationen. Aus unternehmerischer Sicht zählt die Fifty Fathoms aus dem Jahr 1953 bis heute zur wesentlichsten Entwicklung. Mit der Taucheruhr von Blancpain wurde ein Erfolgstyp geboren. Die Fifty Fathoms war die erste Taucheruhr mit einem drehbaren Skalenring, der gegen ein unbeabsichtigtes Verstellen gesichert werden konnte. Er ließ sich nur drehen, indem man ihn auf das Gehäuse drückte. Mit dieser Innovation war Blancpain anderen Herstellern, darunter auch der Rolex Submariner, überlegen.

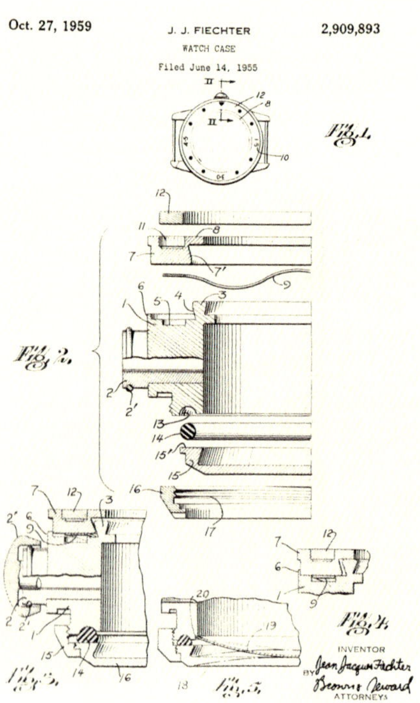

Die Patentschrift vom 27. Oktober 1959 macht es deutlich: Die Lünette muss zum Verstellen auf das Gehäuse heruntergedrückt werden. Bild: Blancpain

Ihr Drehring ließ sich in diesen Tagen noch in beide Richtungen bewegen. Doch gerade die Sicherung gegen ein unbeabsichtigtes Verstellen des drehbaren Skalenrings, von dem ein Taucher seine noch verbleibende Zeit unter Wasser abliest, ist von existenzieller Bedeutung. Die Entstehung der Fifty Fathoms ist auf den Generaldirektor von Blancpain, Jean-Jacques Fiechter, zurückzuführen. Als begeisterter Taucher führten ihn seine eigenen, persönlichen Erfahrungen zur Definition der erforderlichen Besonderheiten eines geeigneten Zeitmessinstruments für die Unterwasserforschung. Aus der Begegnung mit Robert Maloubier, dem Hauptmann einer französischen Einheit von Kampfschwimmern, entstanden schließlich weitere Spezifika. Darunter der Weicheisen-Innenkäfig zum Schutz des Uhrwerks vor Magnetismus. Das Ergebnis ist die Entwicklung des Archetyps einer Armbanduhr für Taucher.

Die Vorgaben für diese Taucheruhr waren klar: Vor jedem Tauchgang muss sich eine spezielle Markierung der Lünette auf den Minutenzeiger ausrichten lassen. Lünette und Zifferblatt sind schwarz. Alle Anzeigen müssen stark leuchten, um eine Ablesbarkeit im Dunkel größerer Tiefen zu gewährleisten. Darüber hinaus müssen sich die Markierungen der Lünette auf dem Zifferblatt wiederholen. Da sich Rolex etwa zur gleichen Zeit die verschraubte Krone für die erforderliche Wasserdichtigkeit patentieren ließ, entwickelte Blancpain ein System mit doppelten O-Ringen für die Aufzugswelle und die Krone. Zur Reduzierung der Abnutzung an den Dichtungen, erhielt die Fifty Fathoms ein Automatikwerk. Aus ihrer zulässigen Tauchtiefe von 50 Faden, also 91,44 Meter, ist ihr Name abgeleitet. Bewehrt hat sie sich sowohl in einer Einheit französischer Kampfschwimmer als auch bei anderen Seestreitkräften. Als Vintage-Modell ist sie gesucht und leider eher selten zu finden.

Die erste Fifty Fathoms von 1953. Ihr Gehäuse misst 42 Millimeter, die Lünette besitzt eine Tauchskala aus Bakelit. Bild: Blancpain

Diver's friend

34

Dicht wie eine Auster

Mit seinem Oyster-Gehäuse legte Rolex den Grundstein für wasserdichte Uhren. »Dicht wie eine Auster« war nicht nur ein Werbeslogan. Das im Jahr 1926 vorgestellte Gehäuse besaß beste Voraussetzungen für eine wirklich dichte Uhr. Schonend für die Dichtungen an der Aufzugswelle und der Krone wirkte sich zudem das selbstaufziehende Uhrwerk aus. Ein weiterer großer Schritt ist Rolex mit der Submariner, einer professionellen Armbanduhr für Taucher, gelungen. Neben ihren herausragenden technischen Eigenschaften ist sie alltagstauglich und damit »tragbar«.

In ihrem Entstehungsjahr 1953 wurden unzählige Tests unternommen, die sie ohne Schäden überstand. Sogar der Sturz auf einen Betonboden soll ohne Auswirkungen geblieben sein. Bei einigen Tauchgängen wurde sie überdies mit ungesicherter, also herausgezogener Krone, getragen oder in eine Tiefe von 120 Metern hinabgelassen, ohne ein Anzeichen für das Eindringen von Wasser. Auch das salzhaltige Meerwasser konnte

Eine Rolex 5517 mit dem »encircled T« auf dem Zifferblatt. Beachtenswert ist zudem die Form der Zeiger. Bild: © Bulang and Sons

Die seltene Referenz 5510 aus dem Jahr 1958 ist die letzte Rolex Submariner »Big Crown«. Nur wenige Stücke wurden von diesem Modell hergestellt. Bild: © Bulang and Sons

keine Korrosion bewirken. Das Vormodell von 1953 mit der Referenz 6200 trug noch keine Bezeichnung »Submariner«. Ihre Wasserdichtigkeit war mit 200 Metern angegeben. Zu ihr gesellten sich noch im gleichen Jahr die Referenzen 6204 und 6205, deren Wasserdichtigkeit auf 180 Meter festgelegt wurde. Mit der Markteinführung im Jahr 1954 ist erstmals der berühmte Schriftzug »Submariner« auf den Zifferblättern zu finden. Mit der Referenz 6536 beträgt die Wasserdichtigkeit noch 100 Meter. In ihr schlägt nun das Kaliber 1030. 1957 erhält sie erstmals eine Chronometerzertifizierung. Zwischenzeitlich hatte sich das Design des Sekundenzeigers sowie das Aussehen der Drehlünette geändert. Sie besitzt nun eine Einteilung innerhalb der ersten 15 Minuten und ein rot eingefärbtes Dreieck.

Die Referenz 6538 ist bis 200 Meter wasserdicht. 1957 erscheint die Referenz 5508 mit dem Kaliber 1530 als letzte mit einer Wasserdichtigkeit von 100 Metern. Auch als »James Bond Submariner« bekannt, besitzt sie als letztes Modell eine Krone mit einem Durchmesser von 6 Millimetern.

Spitzenzustand ohne Kratzer. Wesentlich ist der Erhaltungszustand der Leuchtmasse! Die Rolex Submariner, Referenz 5512, stammt von etwa 1960. Bild: Beyer Chronometrie AG

1958 werden die Nullen auf ihrer Lünette kantiger gestaltet. Die Referenz 5510 ist nun 200 Meter wasserdicht. Heute nicht mehr wegzudenken, entsteht 1959 mit der Referenz 5512 der Flankenschutz, der Gehäusedurchmesser wächst auf 40 Millimeter. Mit der Referenz 5513 ändert sich 1962 der Flankenschutz geringfügig. Eine weitere wesentliche Änderung kommt 1966 der Submariner zugute: Sie erhält ein Fensterdatum und damit auch erstmalig die Lupe auf ihrem Plexiglas. 1966 bis 1974 ist der Schriftzug »Submariner« rot lackiert (Red Sub). In Gelbgold erscheint sie 1969. Für COMEX wird die Referenz 5514 bereitgestellt. Etwa 1974 bekommt die Referenz 5517 auf der Lünette eine umlaufende Minuterie. Ihr erstes Saphirglas erhält sie als 14060 im Jahr 1979 und zudem ihre bis heute gültige Wasserdichtigkeit von 300 Metern. Auch die Triplock-Aufzugskrone und Indexe sowie Zeiger aus Weißgold halten mit diesem Facelift Einzug. Ihr folgen weitere Varianten, wie etwa eine Rolesor-Ausführung. Heute zählt die Submariner zu den meistgefälschten Rolex-Uhren der Welt. Das ist aber auch ein Zeichen dafür, welchen Stellenwert sie einnimmt.

Übrigens: Ihr ursprünglicher Gehäusedurchmesser betrug 37,4 Millimeter ohne Krone. Rolex gab diesen Durchmesser offiziell mit 38 Millimetern an. Die Lünette ließ sich sogar noch bis 1981 in beide Richtungen drehen, da sich Blancpain die gegen ein ungewolltes Verdrehen gesicherte Lünette für die Fifty Fathoms patentieren ließ. Submariner-Modelle sind gesucht, ihre Preise sprechen für sich. Sie bewegen sich je nach Referenz im guten Zustand schnell in einem mehrfach fünfstelligen Bereich.

Tauchgewicht

35

Omega Seamaster 600

Die erste Variante mit Kunststoffkrone (Referenz 166.0077). Im Einsatz für COMEX tragen die Uhren eine Signatur auf der rechten Gehäuseflanke. Uhren mit der Gravur »JANUS-II« und einer Individualnummer waren am gleichnamigen französischen Tauchunternehmen 1970 beteiligt. Bild: Omega

Unter anderem für die Kooperation mit COMEX im Jahr 1968 entwickelte Omega eine kompromisslose Taucheruhr. Sie erzielte bei einem Taucheinsatz in einer Tiefe von 253 Metern und einem Unterwasser-Daueraufenthalt gleich mehrere Rekorde. In dieser Zeit entstand aus »plongeuer professionel« ihr Beiname »Ploprof«. Während der Vorbereitungen auf die Operation Janus, einem mehrtägigen Taucheinsatz, wurde sie einer simulierten Tauchtiefe von 1.370 Metern ausgesetzt und überstand diese unbeschadet. Signifikant ist ihre beidseitig drehbare, jedoch arretierbare Lünette, die nur verstellt werden kann, wenn der rote Knopf gedrückt wird. Gegen ein versehentliches Öffnen der Aufzugskrone sorgt ein Vierkant, der vom Flankenschutz gehalten wird. Das Monocoque-Gehäuse bestand zunächst aus Titan, später aus Edelstahl. Die Exemplare von 1970 liegen bei etwa 8.000 Euro.

Teurer Name

36

Compagnie Maritime d'Expertises

Als Henri-Germain Delauze 1961 die Compagnie Maritime d'Expertises, kurz COMEX, gründete, begann ein großes Abenteuer. Das auf den Ingenieur- und Tieftauchbetrieb spezialisierte Unternehmen machte es sich vor allem zur Aufgabe, die Sicherheit der Taucher zu verbessern. Im Rahmen der Forschungs- und Entwicklungsarbeiten entstanden zahlreiche Innovationen vor allem im Sättigungstauchen. Ein für die Taucher jener Tage unerlässliches Instrument war eine genaue Uhr, die gut abgelesen werden konnte und den großen Tiefen trotzte. Im harten Berufsalltag der Offshore-Ölindustrie führten die Berufstaucher Reparaturarbeiten an Ölbohrplattformen durch, was den Uhren einiges abverlangte. Dazu benötigte die Tauchlegende Delauze jedoch eine professionelle Taucheruhr und einen zuverlässigen Uhrenhersteller als Partner. Im Jahr 1968 kam eine Kooperation mit Omega zustande.

Der Beginn einer eisigen Zeit

Diese prestigeträchtige Zusammenarbeit endete jedoch, als Rolex versprach, Taucheruhren kostenfrei zu liefern, wenn COMEX fortan eine Partnerschaft mit Rolex eingehen würde. Mit diesem geschickten Schachzug sparte sich COMEX nicht unerhebliche Kosten und Rolex sollte davon profitieren, für seine Uhren eine detaillierte Leistungsanalyse von den Berufstauchern zu bekommen. Darüber hinaus war die Zusammenarbeit mit dem renommierten Tauchunternehmen werbeträchtig – und das nachhaltig. Doch der Wetteifer um die beste Taucheruhr übertrug sich auch auf die Beziehung zwischen den beiden Uhrenherstellern. Omega bot die professionelle Taucheruhr mit der Referenz ST 166.0077 schließlich auf dem zivilen Markt an, um einen Teil der Entwicklungskosten zu erwirtschaften. Im Jahr 1971 wurde die Kooperation zwischen COMEX und Rolex offiziell. Die Entwicklung einer kleinen Uhrenserie für das Tauchunternehmen sollte zu einem der spannendsten Projekte dieser Zeit werden. COMEX erhielt zunächst eine Submariner mit einer Wasserdichtigkeit von 200 Metern. Bei den Tauchversuchen platzten jedoch die Deckgläser der Uhren regelmäßig heraus. Grund dafür waren die in den Taucherglocken vorhandenen Heliummoleküle, die in die Uhren diffundierten, aber bei der Abnahme des Drucks in der Dekompressionsphase nicht schnell genug entweichen konnten. Um das zu verhindern, stattete Rolex die Submariner mit einem Heliumventil aus, dessen Entwicklung in das Jahr 1967 zurück reicht. Die Sonderanfertigungen mit dem Einwegventil der Referenz 5514 kamen nie in den freien Handel. Im Rahmen dieser Entwicklungsarbeiten wurden schließlich auch Modelle der Sea-Dweller mit einer Wasserdichtigkeit von bis zu 500 Metern eingesetzt. Kurze Zeit später wurde ihre Wasserdichtigkeit auf 610 Meter erhöht. Diese »Double Red« ist heute besonders gesucht. Die seltenste Version aus der Kooperation mit COMEX, die im Jahr 1997 endete, war allerdings die Referenz 1680, eine Submariner ohne Heliumventil. Ebenfalls sehr begehrt sind die ersten Uhren ohne »COMEX«-Schriftzug. Sie besitzen stattdessen eine Gravur auf dem Gehäuseboden.

Wenn tatsächlich einmal eine Rolex Submariner oder eine Sea-Dweller mit dem Schriftzug »COMEX« unterhalb der Zeigerachse im doppelten Sinne des Wortes auftaucht, schnellen die Preise nach oben. Eine seltene Rolex Submariner der Referenz 5514 aus dem Jahr 1977. Die Uhren wurden nur an das Personal von COMEX ausgegeben und nie auf dem kommerziellen Markt beworben. Bild: © Bulang and Sons

Kompromiss bei gleicher Qualität

Von der Rolex zur Tudor Submariner

37

In den frühen 1950er-Jahren entstanden einige Uhren, die nicht viel später zum Vorbild für andere Modellreihen oder sogar Marken werden sollten. Einen weltweiten Bekanntheitsgrad erlangte die Submariner von Rolex aus dem Jahr 1953. Doch sie war hochpreisig und damit nicht für jedermann erreichbar. Um neben den Rolex-Uhren auch preisgünstigere Uhren anbieten zu können, übernimmt Hans Wilsdorf 1936 die vollständigen Markenrechte der im Jahr 1926 in seinem Auftrag von Philippe Hüther, einem Schweizer Uhrenfabrikanten, gegründeten Marke Tudor. Damit wird die Montres TUDOR SA zu einer hundertprozentigen Schwestermarke von Rolex.

Ein Jahr nach der Lancierung der Submariner stellte Tudor 1954 eine Taucheruhr mit der Referenz 7922 vor. Die Oyster Prince ähnelte der Rolex Submariner in vielem und besaß ebenfalls eine Wasserdichtigkeit von zehn bar. Im Inneren arbeitete jedoch das Handaufzugskaliber FEF 350 der Fabrique d'Ebauches de Fleurier, welches durch einen Aufzugsrotor ergänzt wurde. Die heute sehr gesuchte »Big Crown« erhielt ihren Namen aufgrund ihrer markanten Aufzugskrone. Gemeint ist die Referenz 7924 aus dem Jahr 1958, deren Wasserdichtigkeit nun auf 200 Meter angehoben werden konnte. Im Rahmen der permanenten Weiterentwicklung kam für die Referenz 7928 der Flankenschutz für die Schraubkrone hinzu. Über all die Jahre hinweg bezog Tudor Komponenten von Rolex. Somit ticken die Werke in einem Rolex-Gehäuse mit verschraubtem Boden, gehalten am dreiteiligen Oysterband mit Faltschließe und Rolex-Logo. Die Aufzugs-

Der kleine Unterschied macht es aus!

Im Gegensatz zu den Uhren von Rolex, die bereits mit Saphirgläsern ausgestattet waren, kam die Submariner noch immer mit einem Plexiglas daher. Vor allem aber die Verwendung zugekaufter Kaliber verschaffte dem Unternehmen die notwendigen Einsparungen, eine Uhr mit hoher Qualität und Robustheit, aber zu einem deutlich günstigeren Preis anbieten zu können. Ein Erfolgskonzept, das bis heute – wenngleich nun mit Saphirglas und Manufakturwerk – Bestand hat. Im Jahr 1995 ging die Ära der preislich günstigeren, aber qualitativ keineswegs schlechteren Tudor Submariner mit der Referenz 79190 zu Ende.

Begehrter den je: die Tudor Oyster Prince Submariner, Referenz 75090 aus dem Jahr 1989. 1995 betritt die letzte Prince Date Submariner mit der Referenz 79190 die Bühne. Bild: Beyer Chronometrie AG

krone trägt über die Jahre sowohl die Tudor-Rose, ein Wappenschild oder die Rolex-Krone. Ab der Referenz 7928 trägt der Boden die Gravur »Original Oyster Case by Rolex«. Auf dem Zifferblatt jedoch offenbart sich der Unterschied zur Rolex Submariner: Hier prangt der Schriftzug »TUDOR Oyster-Prince«. Wesentlich für die Modellreihe dürfte das Jahr 1969 sein. In der Referenz 7016 und 7021 löst das ETA-Kaliber 2483 das bisherige ab, die stilisierte Tudor-Rose auf der Aufzugskrone weicht dem Wappenschild und der heute im Zusammenhang mit der Tudor Black Bay oft erwähnte »Snowflake-Zeiger« zeigt nunmehr die Stunden an. Seinen Namen erhielt er aufgrund seiner quadratischen Form und setzt sich damit deutlich von den »Mercedes-Zeigern« der Submariner ab. Auch die Indexe sind nun quadratisch gestaltet. Ab Mitte der 1960er- bis in die 1970er-Jahre wurde die Tudor Submariner auch für die amerikanische sowie die französische Marine produziert.

Begehrter »Seefahrer«

Nautilus – Uhr mit Sonderstatus

38

Als einer der prestigeträchtigsten Uhrenhersteller stellte Patek Philippe im Jahr 1976 die Nautilus aus Edelstahl vor. Niemand hatte damals daran geglaubt, dass aus dieser Uhr einmal eine der begehrtesten Armbanduhren der Welt werden würde. Die Nautilus, altgriechisch »Seefahrer«, ist nach der »Royal Oak« von Audemars Piguet eine weitere Schöpfung Gérald Gentas. Ihm hat sie auch ihren Namen zu verdanken: Genta bezog sich auf das fiktive Unterseeboot aus dem Roman »Zwanzigtausend Meilen unter dem Meer« von Jules Verne.

Neben ihrer Größe und ihrem Material erschwerte vor allem ihr Preis einen erfolgreichen Start. Schließlich lag der in der Größenordnung von

»Eine der teuersten Uhren der Welt ist aus Stahl«, so wurde die Patek Philippe Nautilus der Referenz 3700/1A von 1976 in einer Kampagne gefeiert. Rund fünfzig Jahre später ist sie eine der Begehrtesten und ihre Preise explodieren geradezu. Bild: Auktionen Dr. Crott

Icon of Time

Gérald Genta, Erfinder unserer sportlichen Armbanduhren im Luxussegment, war von einer unglaublichen Kreativität beseelt. Angereist zur Uhrenmesse in Basel, fertigte er eines abends die Skizze einer Uhr, deren funktionale und ästhetische Aspekte entfernte Ähnlichkeiten zur Royal Oak aufwies. Dennoch verfügte sie über vollkommen eigenständige Merkmale. Genta stellte seine Inspiration Philippe Stern, dem Vater des heutigen Präsidenten Thierry Stern, vor und konnte ihn überzeugen. Ganze zwei Jahre sollte die Entwicklung der Referenz 3700/1A in Anspruch nehmen und es dauerte fast 20 weitere Jahre, bis diese polarisierende Uhr einen durchschlagenden Erfolg erzielen konnte. Übrigens: Die ursprüngliche, blaue Färbung des Zifferblattes wurde bald in eine grün-blaue Färbung mit einem Schwarz-Verlauf geändert. Erst mit der Referenz 5726/1A-014 erhielt sie, inspiriert vom Ur-Modell, ihre blaue Farbe zurück.

Golduhren, ja sogar teilweise darüber. Die Kombination aus geschliffenen, polierten und gebürsteten Flächen, dem Bullaugen-Design des Gehäuses sowie dem integrierten Armband gaben ihr jedoch ein exklusives und überaus attraktives Äußeres. Obwohl das Damenmodell später lanciert wurde, war es sogleich erfolgreich. Bald aber holte die Referenz 3700/1A auf und wurde als eine Uhr für alle Lebenslagen angenommen. Ein Werbeplakat aus den 1970er-Jahren machte das mit dem Slogan deutlich: »Passt ebenso gut zum Neoprenanzug wie zum Smoking«. Die Ur-Nautilus mit der Referenz 3700/1A verfügte über ein zweiteiliges Gehäuse mit einem für damalige Verhältnisse sehr großen Durchmesser von 42 Millimetern, der ihr den Beinamen »Jumbo« einbrachte.

Überaus wandlungsfähig

Die Anzeige ohne Sekunde entsprach dem Wunsch ihres Schöpfers.

Hinter dem geschlossenen Stahlboden arbeitete das mit 3,05 Millimetern sehr flache automatische Kaliber 28-255 C auf Basis des Kalibers Jaeger-LeCoultre 920. Ebenfalls für diese Zeit sehr typisch, ist die einfache, jedoch zweckmäßige Faltschließe aus Stahlblech. Seit ihrer Lancierung erfuhr das Modell zahlreiche Anpassungen. Neben den Stahl/Gold-, Weiß- und Gelbgold-, aber auch Platinversionen erhielt sie einen Sekundenzeiger, ihre Größe änderte sich und sie erhielt Komplikationen. Dazu zählen eine Mondphasen-, eine Gangreserveanzeige, aber auch ein Jahreskalender, ein Ewiger Kalender oder ein Flyback-Chronograph sowie verschiedene Jubiläumseditionen. Seit 2006 arbeitet in ihr das Kaliber 324 S C und in der letzten Generation das Kaliber 26-330 S C mit Sekundenstopp-Funktion. Die Typografie der Ur-Nautilus im Stil der 1970er-Jahre blieb jedoch beinahe vollständig erhalten.

Das Ende einer Ära

Die Sportuhr der Luxusklasse erhielt ab 2006 einen Saphirglasboden. Zudem ist nun das Gehäuse aus drei Teilen konstruiert, an dem der Boden ein eigenes Bauteil bildet. An der Patek Philippe Nautilus als Uhrenikone zeigt sich eine große Begehrlichkeit: Wann immer sie angeboten wird, ist sie schnell verkauft – sofern der Preis nicht utopisch ist. Dabei muss festgestellt werden, dass ein Vintage-Modell ebenso teuer, wenn nicht noch teurer ist wie ein aktuelles. Mit der Entscheidung von Thierry Stern, dem Präsidenten von Patek Philippe, ist die Reise der Nautilus für die 3-Zeiger-Stahlversion im Jahr 2021 zu Ende. Zum Abschied wurde noch

Die Referenz 3700/011 von etwa 1980 als »Full Set« mit Bedienungsanleitung, originaler Korkbox, Originalzertifikat, Verkaufsanhänger und dem roten Kunstleder-Mäppchen. Bild: Auktionen Dr. Crott

Die Referenz 3700/1 im Gelbgoldgehäuse aus dem Jahr 1978 ist mit einem schwarzen Zifferblatt ausgestattet. Bild: Auktionen Dr. Crott

kurz die Referenz 5711/1A mit olivgrünem Zifferblatt aufgelegt. Damit findet die Frage nach einem Vintage-Modell mehr denn je ihre Berechtigung, ist sie doch leichter zu bekommen. Einen Fehlgriff stellt der Kauf dieses Vintage-Modells sicher niemals dar. Puristen ziehen sogar das Ur-Modell ohne Sekundenzeiger und den eckigen »Ohren« vor, da dieses Modell aus der zweiten Hälfte der Siebzigerjahre eine lange Geschichte erzählen kann. In nahezu fünfzig Jahren zeigt sie mit ihrer Vielfalt an Entwicklungen die Fähigkeiten des Unternehmens. Die Ur-Nautilus in Stahl sowie der Stahl/Gold-Version wurde mit einer Massiv-Korkbox und einem braun lackierten Umkarton ausgeliefert, die erste Gold-Version in einer ovalen, schwarzen Lederbox.

IWC Ocean BUND

Eine faszinierende Geschichte

39

Magnetismus ist nicht nur für Uhren ein wesentlicher Störfaktor, er kann auch Minentauchern gefährlich werden, da bestimmte Zünder schon auf eine Veränderung des sie umgebenden Magnetfelds reagieren können. Dazu genügt sogar eine Uhr mit einer magnetischen Materialbeschaffenheit am Handgelenk eines Antiminenspezialisten. Das stellte die IWC, als sie 1980 den Auftrag für eine Taucheruhr von der Bundesmarine erhielt, vor eine große Herausforderung. Die Wahl fiel bewusst auf die IWC, da sie seit den 1960er-Jahren eine Expertise für Taucheruhren vorweisen konnte und sich mit dem amagnetischen Verhalten von Materialien auseinandergesetzt hatte. Zudem hatte die IWC in der Kooperation mit Porsche Design mit der Entwicklung von Titan-Uhren begonnen. Aus der daraus resultierenden Grundlagenforschung entstanden bereits bei der Kompassuhr amagnetische Bauteile.

Freigabe für den zivilen Markt

In einem entsprechenden Pflichtenheft waren neben dem amagnetischen Verhalten Anforderungen, wie die Wasserdichtigkeit, die Ganggenauigkeit, die Stoßfestigkeit oder die Unempfindlichkeit gegenüber Temperaturen, beschrieben. Dieser komplexe Auftrag veranlasste die IWC eine Uhr zu konstruieren, für die neue Materialien und neue Technologien erforderlich wurden, wie sie in der Uhrenindustrie zuvor noch nie eingesetzt worden sind. Interne als auch externe Konstrukteure forschten mehrere Jahre lang. Zahlreiche Prototypen entstanden und wurden in der Erprobungsstelle 81 bei München ausgiebigen Tests unterzogen. Schließlich war die Bundeswehr mit dem Ergebnis zufrieden. Aus dem langen und schwierigen Prozess entstand 1984 die erste Ocean BUND, die alle Anforderungen erfüllte. Die Gestaltung des Gehäuses kam von Porsche Design, in ihr tickte eine Weiterentwicklung des Werkes der Ingenieur. Bis 300 Meter wasserdicht, mit einem flachen Saphirglas und einem orangefarbenen Minutenzeiger produzierte die IWC drei verschiedene Varianten, von denen jede eine eigene 13-stellige NATO Stock Number (NSN) auf

Die Lünette der Ocean Bund ist PVD beschichtet. Ihr »3H«-Symbol verweist auf die Verwendung von Tritium. Bild: IWC Schaffhausen

IWC
International Watch
PORSCHE DESIGN

den Gehäuseböden, den Bändern und auf dem Schraubendreher, der mit jeder Uhr geliefert wurde, trägt. Da es in der deutschen Marine nicht viele Kampftaucher gab, wurden relativ wenige Ocean BUND produziert.

Die unterschiedlichen Modelle der BUND-Uhren sind daher äußerst selten, so selten übrigens, dass sogar das IWC-Museum Mühe hatte, welche zu finden. Die Quarzversion der Referenzen 3314 und 3319, die von den Kampftauchern verwendet wurden, gab es nur etwa 300 Stück. Hinzu kam mit der Referenz 3509 und 3529 eine Variante für Waffentaucher mit Automatikwerk. Die Seltenste ist jedoch die legendäre, vollständig amagnetische Referenz 3519, für die Antiminenspezialisten. Diese Uhr mit ihrem Automatikwerk stellt einen wissenschaftlichen Durchbruch dar. Sie hat kein Magnetfeld und kann daher nicht magnetisiert werden. Sie wurde bei der IWC in Schaffhausen nur 50-mal hergestellt! Insgesamt zählt die IWC Ocean BUND mit ihrer faszinierenden Geschichte zu den überaus seltenen Uhren, die selbst unter den Sammlern wenig bekannt sind. Die charismatische Uhr wurde als »Ocean 2000« auch dem zivilen Markt zugänglich gemacht.

Von den Entwicklungen für die Bundesmarine sollte später auch der zivile Markt profitieren. Bild: IWC Schaffhausen

Klar zur Wende!

40

… mit mehr als einer Krone

Dieser Longines Diver Chronograph der Referenz 8224 von etwa 1969 wird vielerorts als »Regatta« bezeichnet. Gehandelt wird er mit etwa 4.500 Euro. Bild: Time+Tide Watches, Australia

Mit ihrem maskulinen und sportlichen Erscheinungsbild vertritt die Longines Regatta den Trend der späten 1960er- und der 1970er-Jahre. Das kantige, tonneauförmige Gehäuse aus Edelstahl mit seinen abfallenden Flanken und den farblichen Akzenten auf dem Zifferblatt verleihen ihr ein attraktives Aussehen. Mit ihrem Gehäusedurchmesser von 42 Millimetern passt sie auch perfekt in unsere Zeit. Für den Antrieb sorgt das Longines-Kaliber 330 auf Basis des Handaufzugswerks Valjoux 72 mit 18.000 Halbschwingungen in der Stunde. Ihre Gangreserve beträgt 48 Stunden. Mit der zweiten Krone auf 10 Uhr kann die innenliegende Lünette zur Messung von Regatta- und Countdown-Zeiten verstellt werden. Trotz ihrer nicht verschraubbaren Drücker ist ihre Wasserdichtigkeit mit 100 Metern angegeben. Die Referenz 8224 ist ein gesuchter Chronograph, der sicher auch in den kommenden Jahren preislich weiter an Fahrt aufnehmen wird.

Der leuchtende Tod

Radium – Gefahr aus Uhren

41

Die von radioaktiven Stoffen ausgehende Gefahr ist heute hinreichend bekannt. Nicht so in den 1920er-Jahren. In der Uhrenindustrie wurde von Mitarbeiterinnen radiumhaltige Leuchtmasse mit einem feinen Pinsel auf Zifferblätter und Zeiger aufgetragen. Zur Ausführung dieser Malarbeiten mussten sie die Pinsel mit den Lippen anspitzen. Schwere Erkrankungen waren die Folge, auch der Tod. Aus Unwissenheit über die Gefahren soll sich eine Mitarbeiterin sogar Zunge und Zähne mit der Leuchtmasse angemalt haben, um nachts ihren Mann im Bett zu erschrecken.

Den »Ghost Girls«, die nicht selten in der Nacht leicht grünlich leuchteten, ist es im Wesentlichen zu verdanken, dass die mit der Verwendung von Radium ausgehende Gefahr erkannt wurde und die Gesetze zum Arbeitsschutz geändert wurden – für viele jedoch zu spät. »Undark« oder der »Flüssige Sonnenschein«, Entwicklungen, die schließlich auch ihrem Erfinder das Leben kosten sollten. Doch was hat das für uns zu bedeuten und welche Gefahr geht von den mit Radium beschichteten Uhren noch heute aus? Nun, die Halbwertszeit von Radium beträgt 1.600 Jahre. Dann hat sich aber der von der Strahlung ausgehende Wert erst um die Hälfte reduziert. Wer also eine Taschenuhr oder eine Field-Watch aus frühen Tagen besitzt, muss davon ausgehen, dass die hier aufgetragene Leuchtmasse aus Radium besteht. Das Durchdringungsvermögen der Strahlenwirkung ist sehr gering und erreicht in Abhängigkeit zum Uhrengehäuse nur ein paar Zentimeter. Auch der Luftdruck spielt dabei eine Rolle. Die Tatsache jedoch, dass auf Zifferblatt und Zeiger nur eine geringe Menge der hochgiftigen Substanz aufgetragen wurde, stellt keine Minderung der eigentlichen Gefahr dar.

Die grausame Geschichte der »Radium Girls« fand in einigen Büchern, Verfilmungen und Bühnenstücken ihren Platz. Sammlung/Collage: Stefan Friesenegger

Das gilt vor allem dann, wenn die Uhr für eine Revision geöffnet werden muss. Hier treten neben dem Radon, einem radioaktiven, geruchs- und farblosen Gas, das beim Zerfall von Radium entsteht, auch feinste Partikel der sich zersetzenden Leuchtmasse aus, die eingeatmet werden können.

»Radon, Health and Natural Hazards«

Um die tatsächliche Gefahr von Vintage-Radium-Uhren zu testen, wurde 2018 eine Studie mit dem Arbeitstitel »Radon, Health and Natural Hazards« von der University of Northampton und der Kingston University durchgeführt. Das Ergebnis war erschreckend! R. G. M. Crockett und G. K. Gillmore untersuchten dabei insgesamt 30 Vintage-Armband- und Taschenuhren verschiedenster Marken, deren Ziffern und Zeiger eine Leuchtmasse aus Radium aufwiesen. Neben der auftretenden radioaktiven Strahlung des Radiums spielte die Entwicklung der Radonstrahlung in Abhängigkeit zur Belüftung eines Raumes eine wesentliche Rolle. In einem knapp eine Woche dauernden Versuch erreichte die Strahlung im geschlossenen Raum einen mehr als 200-fachen Wert der natürlichen Belastung. Radon entweicht in seinem gasförmigen Zustand aus den undichten Gehäusen sowie durch die porösen Deckgläser der Uhren und gelangt somit in die Raumluft – eine Gefahr, die Sammlern bis dahin nicht bekannt war. Befolgt man den Rat der Autoren dieser Studie, ist das »Radiumproblem« in den Griff zu bekommen. Das Tragen einer Radium-Uhr am Handgelenk sollte aber unterlassen werden, oder sich auf kurze Zeiten beschränken. Eine Lagerung der Uhren in luftdichten Behältnissen wird empfohlen. Vor allem muss der zur Lagerung genutzte Raum stets aktiv belüftet werden. Der Abstand bestimmt die Strahlenbelastung von Radium-Uhren. Übrigens: Der Jahresschwellenwert wird bereits nach einem Monat des ständigen Tragens erreicht! Durch die Braunfärbung lassen sich Radiumleuchtfarben leicht erkennen. Sie entsteht durch den radioaktiven Zerfall des Ra-226 zu Rn-222. Dabei wird der einst verwendete transparente Lack durch die Strahlung beschädigt und bräunlich.

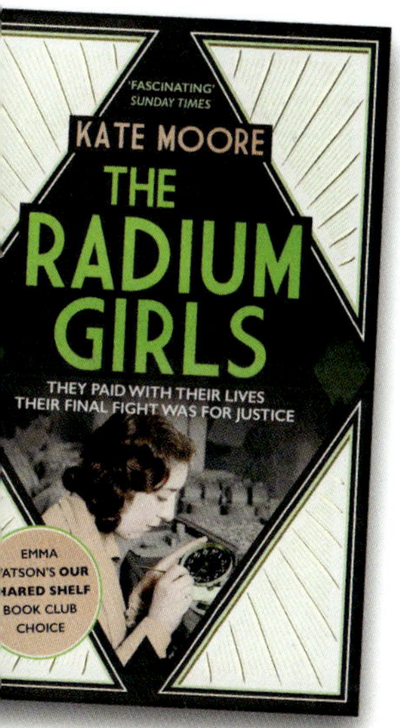

Magnet-Schutz

42

Tausend Gauß – als Maß aller Dinge

Seit dem frühen 20. Jahrhundert beschäftigen sich Uhrenhersteller damit, Uhren vor den zahlreichen magnetischen Störeinflüssen zu schützen. Neben Erdmagnetfeldern, die mit etwa 0,5 Gauß für eine Uhr ungefährlich sind, werden im Wesentlichen Uhren von Naturwissenschaftlern, Ingenieuren oder Technikern hohen Magnetfeldern ausgesetzt.

Doch genau für diese Berufsgruppen war die Milgauss vorgesehen. Wo heute den meisten Uhren Magnetfelder von Magnetverschlüssen an Hand-

Die Rolex Milgauss der Referenz 1019 mit silbernem, gebürstetem Zifferblatt stammt aus dem Jahr 1979. Die Besonderheit bei dieser 38 Millimeter großen Uhr: Sie ist komplett und in einem vollkommen unbenutzten Zustand. »NOS« führt bei solchen Uhren schnell zu mehrfachen fünfstelligen Preisen. Bild: © Bulang and Sons

taschen, aus Smartphones, Mikrowellen oder Tablets zu schaffen machen, ist es bei Ärzten beispielsweise der Umgang mit Kernspintomographen. Hier liegen die Magnetfelder um ein Vielfaches höher. Sie könnten die Ganggenauigkeit, im Besonderen bei mechanischen Uhren, beeinträchtigen, sie schlimmstenfalls sogar zum Stehen bringen. Um diese Einflüsse über einen langen Zeitraum ohne Einbußen des Gangs zu überstehen, entwickelte Rolex die legendäre Milgauss, deren Name sich aus »mille«, französisch für Tausend, und »Gauß«, der magnetischen Flussdichte, zusammensetzt. Sie wurde nach Johann Carl Friedrich Gauß benannt, der sich unter anderem als Physiker auf dem Gebiet des Magnetismus verdient machte. Die Entwicklung eines Weicheisenkäfigs, der das Uhrwerk vollkommen umschließt, wurde zum revolutionären System.

Eine Vintage-Uhr, die ihresgleichen sucht! Diese Referenz 1019 aus dem Jahr 1970 mit schwarzem Zifferblatt besitzt eine seltene, quadratische Leuchtmasse hinter den Indexen. Bild: © Bulang and Sons

Um ihre Aufgabe korrekt zu erfüllen, bleibt der Milgauss bis heute das Datum versagt. Der Weicheisenkäfig umschließt das Werk vollkommen. Auf seiner vorderen Seite übernimmt diese Aufgabe das Zifferblatt, das für die Anzeige eines Datums hätte unterbrochen werden müssen. 1956 schließlich wurde sie der Öffentlichkeit vorgestellt. Zunächst ähnelte ihr Aussehen noch stark der ersten Submariner. Zwar fehlte ihr die Leuchtperle auf dem roten Dreieck der beidseitig drehbaren Lünette, dafür besaß sie einen Sekundenzeiger in Blitzform, ihrem Erkennungsmerkmal. Die Milgauss der Referenz 6541 wurde gegen Ende der 50er-Jahre modifiziert. Sie erhielt eine feststehende Lünette. Kurz darauf wurde sie durch die Referenz 1019 ohne Blitzzeiger und glatter, feststehender Lünette abgelöst. Trotz Modifikationen wurde das Modell nie richtig von den Kunden angenommen und schließlich aus dem Programm genommen. Heute sind die Uhren gesucht und beginnen bei 20.000 Euro, es gibt jedoch auch Angebote mit über 70.000 Euro.

Harte Schale, weicher Kern

IWC Ingenieur, eine Uhr für Techniker

43

Der Urahn der Ingenieur von IWC erblickte im Jahr 1954 das Licht der Welt. Robust, wasserdicht und vor allem amagnetisch war sie im Wesentlichen für Ingenieure und Techniker gedacht, einer Berufsgruppe, die häufig starken Magnetfeldern ausgesetzt ist. Dank ihres Weicheisenmantels im Inneren des Gehäuses wurde das Werk vor Magnetfeldern von bis zu 80.000 Ampere pro Meter (A/m), also 1000 Gauß, geschützt. Die Referenz 666 setzte zudem auf den von IWC neu entwickelten Pellaton-Klinkenaufzug. Hinzu kamen eine Wasserdichtigkeit von bis zu 100 Metern sowie die Ablesbarkeit im Dunkeln. Mit ihrem zurückhaltenden Design, einem Gehäusedurchmesser von 36,5 Millimetern und einem aufgeräumten, schlichten Zifferblatt blieb das Modell zwölf Jahre im Programm. In den 1970er-Jahren, die für ein neues Uhrendesign wegweisend waren, entstand eine neue Generation von Armbanduhren: die Edelstahl-Sportuhr im Luxusbereich. Das wirkte sich auch auf die IWC Ingenieur aus.

Beinahe zeitgleich mit der Patek Philippe Nautilus wurde 1976 die Ingenieur SL vorgestellt. Innovativ und ausdrucksstark mit integriertem Stahlband, einem völlig neu gestalteten, dreiteiligen und rund 40 Millimeter großen Gehäuse zeigte sie neue Wege auf. Ihr spezielles Erkennungsmerkmal sind die fünf Bohrungen für das Werkzeug in der verschraubbaren Lünette, die bis heute erhalten geblieben sind. 1977 ist sie mit automatischem Werk oder auch mit Quarzantrieb im Handel erhältlich und erfreut als »Jumbo« vor allem sportliche Uhrenliebhaber. Ihre Wasserdichtigkeit liegt nun bei 120 Metern. Für Vintage-Sammler ist das Ursprungsmodell von Genta, von dem in den schwierigen Zeiten der Quarzkrise nur rund 1.000 Stück produziert wurden, besonders attraktiv. Sie liegen bereits deutlich jenseits der 10.000 Euro-Grenze. Auch die Folgemodelle besitzen die Struktur eines Millimeterpapiers auf ihrem Zifferblatt, ein unverzichtbares Arbeitsmaterial für Techniker und Ingenieure dieser Tage. Bald wird die Ingenieur SL schlanker. Ihr Gehäusedurchmesser schmilzt auf 36 und schließlich sogar auf 34 Millimeter. Vor allem der Quarzkrise geschuldet, werden nun auch zugekaufte Werke verwendet, die jedoch schön veredelt

Der Schriftzug »Ingenieur« ist von einem Blitz eingerahmt, der den Strom und die daraus hervorgehenden, für eine Uhr gefährlichen Magnetfelder darstellt. Bild: IWC Schaffhausen

IWC
International Watch Co
Schaffhausen
22
INGENIEUR
SL
AUTOMATIC
SWISS

sind. Mit einer Schwungmasse aus 21-karätigem Gold für den Rotor, einem aufwendig überarbeiteten und vergoldeten Werk auf Basis ETA 2892-2, setzt sie ihren Weg unbeirrt fort. Wie bereits Mitte der 1950er-Jahre, bestehen die meisten Modelle aus Stahl, es gibt sie aber auch in Gold oder in Stahl/Gold mit Metall- oder Lederband.

Die totale Überlegenheit

Ende der 1980er-Jahre übertrifft die IWC Ingenieur alle bislang erreichten Grenzen des amagnetischen Verhaltens von Armbanduhren. Ganz ohne den Einsatz eines Innengehäuses aus Weicheisen ist die »SL« nun bis zu 500.000 A/m gegen Magnetfelder geschützt. Damit war die IWC allen anderen Marken weit überlegen. Alternative Werkstoffe kamen nunmehr nach einem enormen Entwicklungsaufwand zum Einsatz. Dabei wurden neben der Unruh und der Spirale auch die Hemmung aus einem nahezu vollkommen amagnetischen Material gefertigt. Unter anderem wurde hierfür eine Zink-Niob-Legierung verwendet. Doch nach nur kurzer Zeit wurde die Produktion eingestellt. Ihre Verkaufszahlen erreichten nicht einmal 2.000 Stück. Kein Wunder also, dass auch diese Uhr mit ihren enormen Fähigkeiten in der geringen Stückzahl heute so begehrt und damit teuer ist.

Auch die IWC Ingenieur SL trägt die Handschrift Gérald Gentas – und wurde zu einem unsterblichen Vintage-Klassiker. Bild: IWC Schaffhausen

44 Entdecker-Uhren

Funktionalität und Vielfalt für Abenteurer

Die Geschichte des Unternehmens reicht weit zurück, doch der Markenname Enicar entsteht erst im Jahr 1914. Da der Name Racine durch ein Mitglied der Familie bereits als Uhrenmarke angemeldet war, drehte Ariste Racine seinen Namen einfach um und ließ den Namen Enicar eintragen. 1932 wird Enicar zur Aktiengesellschaft. In den 1950er-Jahren wird mit der Produktion eigener Werke begonnen, von denen bis zu 70.000 Stück jährlich hergestellt wurden. Als Besonderheit gilt die Entwicklung wasserdichter Stahlgehäuse mit einem Bajonettboden. Enicar versorgte Abenteurer und Bergsteiger mit Uhren und steigerte damit den Bekanntheitsgrad. Die Entdecker-Uhren trugen nun den Namen »Sherpa«. Zum Beweis ihrer Robustheit wurde eine Sherpa unter der Wasserlinie eines Segelschiffes angebracht und der Atlantik überquert. Ab 1951 entstanden unzählige Varianten. Sie gelten als echter Geheimtipp zu noch erschwinglichen Preisen!

Die Enicar Sherpa Guide der Referenz 148-35-01 ist ein gefragtes Modell. In der Uhr von etwa 1970 arbeitet das rotvergoldete Werk AR 1146. Der Zustand der hier abgebildeten Uhr: NOS! Noch beginnen die Preise bei etwa 2.500 Euro – im gebrauchten Zustand. Bild: www.uhrgut.at

Mythos Fliegeruhren

Ein Kultobjekt mit zahllosen Geschichten

45

Fliegeruhren erfreuen sich einer überaus großen Beliebtheit. Vielleicht, weil sie so speziell sind, sicher jedoch, weil die Luftfahrt eine der größten Ingenieurleistungen des 20. Jahrhunderts darstellt und in uns noch immer Begeisterung auslöst. Die meisten heutigen Fliegeruhren erheben sich jedoch bestenfalls auf einem Flug in den Urlaub in die Lüfte. Doch bei zahlreichen Vintage-Fliegeruhren sieht das anders aus. Hier gibt es viele, tatsächlich in der Luftfahrt eingesetzte Uhren. Ob aus der zivilen Luftfahrt oder aus den Kriegen, diese Uhren stehen bei Sammlern und Liebhabern hoch im Kurs.

Eine seltene Fliegeruhr der japanischen Luftwaffe mit einem Durchmesser von 48 Millimetern und originalem Lederband. Die »Tensoku-Doke« oder »Himmelsuhr« der Seiko-Tochtergesellschaft Seikosha trug auch die Bezeichnung »Kamikaze«. Sie wurde tatsächlich von Kamikaze-Piloten im Zweiten Weltkrieg getragen. Nur noch wenige Stücke sind erhalten. Bild: Auktionen Dr. Crott

Ebenfalls begehrt sind Fliegeruhren ausländischer Luftwaffenverbände, wie etwa die »Kamikaze«-Fliegeruhr der japanischen Luftwaffe. Auch nach dem Zweiten Weltkrieg waren Uhren aus Japan in den Lüften. So setzte etwa das US-Militär zuverlässige und robuste Seiko-Uhren im Vietnamkrieg ein. Darunter eine Seiko mit der Referenz 6105. Sie zeigte sich sogar auf der Kinoleinwand. Im Antikriegsfilm »Apocalypse Now« trug Martin Sheen eine solche Uhr. Erschwinglich sind russische Fliegeruhren der Hersteller Agat, Raketa, Sturmanskie, Vostok und einige mehr. Das Hauptaugenmerk ist jedoch auf Flieger- und Beobachtungsuhren aus Deutschland und der Schweiz gerichtet. Dazu zählen auch Beobachtungsuhren aus dem Zweiten Weltkrieg, in dessen Verlauf das deutsche Wehrwirtschaftsamt einige Uhrenhersteller zur Produktion dieser Uhren verpflichtete. IWC, Laco, A. Lange & Söhne, STOWA und Wempe fertigten Beobachtungsuhren für die Flieger der deutschen Luftwaffe. B-Uhren unterlagen einer restriktiven Vorgabe bezüglich ihres Aussehens. Neben einem Sekundenstopp zur genauen Einstellung und einem Gangzeugnis von einer amtlichen Prüfstelle wurde am Gehäuse sowie auf dem Boden eine Gravur der Bauanweisung angebracht, die sie als Navigationsgerät auswiesen. Ebenfalls am Gehäuseboden eingraviert sind Gerätenummer, Hersteller, Werkbezeichnung und Bauart. Uhren mit diesem markanten Design erzielen im Originalzustand hohe Preise.

Ein Hype und kein Ende!

Im Fokus vieler Sammler stehen heute Fliegeruhren vor allem aus der Zeit nach dem Zweiten Weltkrieg. Darunter sind beispielsweise Uhren für die deutsche Luftwaffe von Hanhart, Heuer, Junghans oder Tutima, wie der Military Flieger-Chronograph. Auch die Omega Speedmaster oder die 1954 lancierte Rolex GMT-Master als Zeitzonenuhr für Piloten sowie die im Jahr 1952 angekündigte, jedoch ebenfalls im Jahr 1954 vorgestellte Breitling Navitimer mit ihrem Kaliber Venus 178 hoben ab – und das im wahrsten Sinn des Wortes. Sie wurden zu Ikonen und erzielen heute aufgrund ihrer Begehrlichkeit Spitzenpreise – wenngleich sie keine Fliegeruhren in Reinkultur darstellen. Die IWC in Schaffhausen ist dem Duft von Kerosin und dem Abenteuer der Fliegerei besonders verbunden. Bereits 1936 verfügte das Unternehmen über eine umfassende Erfahrung und Expertise in der Herstellung von präzisen und robusten Instrumenten für das Cockpit und stellte dies mit der »Spezialuhr für Flieger« unter Beweis. Ihr sollte die in den 1940er-Jahren entwickelte »Große Fliegeruhr« folgen. Die heute wohl am meisten gesuchte Fliegeruhr stellt die im Jahr 1948 lancierte »Navigator's Wristwatch Mark 11« dar.

Fliegeruhren und die Gründung der Bundeswehr

Nach Gründung der Bundeswehr im Jahr 1955 tat ab 1957 das Modell 417 von Hanhart aus dem Schwarzwald Dienst. Der Eindrücker-Chronograph besaß in seinen ersten Tagen ein Gehäuse aus verchromten Messing. Auch Junghans belieferte die Bundeswehr mit einer Fliegeruhr. Der Junghans J88 Bundeswehr Chronograph mit ebenfalls einem verchromten Messinggehäuse aus Schramberg löste das Modell 417 von Hanhart später ab. Mit seinem Durchmesser von 38 Millimetern hebt sich das verhältnismäßig kleine Gehäuse aufgrund seiner beidseitig drehbaren, zwölfeckigen Lünette von anderen Modellen ab. In ihm arbeitet das filigrane Schaltrad-Kaliber J88.

Die IWC »Spezialuhr für Flieger«, Referenz IW436, entstand bereits 1936. Ihre großen Zeiger und Indexe mit Leuchtmasse erlauben ein perfektes Ablesen auch in schwierigen Situationen. Ihr Kaliber 83 besitzt eine amagnetische Hemmung und arbeitet auch noch bei Temperaturen von plus 40 bis minus 40 Grad Celsius zuverlässig. Diese Uhren sind heute sehr gesucht – und teuer. Bild: IWC Schaffhausen

In den darauffolgenden Jahrzehnten bereicherten die Welt der Fliegeruhren weitere Hersteller, wie beispielsweise Arctos, Orfina, Tengler oder Tutima, die sowohl Modelle für das Militär als auch für den zivilen Einsatz produzierten. Großserien-Hersteller lieferten die Werke, wie das Kaliber Valjoux 7750 oder das Lemania 5100. In der Gunst der Sammler von Bundeswehruhren steht sicher der Heuer Flyback-Chronograph 1550 SG am höchsten.

Überflieger Mk. 11

46

Navigations-Armbanduhr für die RAF

Bei der RAF wurde die Mk. 11 erst im November 1949 eingeführt – und musste mitunter so manchen körperlichen Einsätzen trotzen. Bild: Supermarine Spitfire Mk IXb, 611 Squadron; Zeitschrift »Flight« 1942/1943, Fotograf unbekannt, HMSO

Eisige Temperaturen in großer Flughöhe oder feuchtwarmes Klima über den asiatischen Kriegsschauplätzen störte die Ganggenauigkeit der Armbanduhren der RAF-Piloten empfindlich. Plötzliche Druckabfälle in den zu dieser Zeit neu eingeführten Druckkabinen ließ die Gläser aus den Uhrengehäusen regelrecht herausplatzen. Zudem waren die nur mäßig dichten Gehäuse der salzigen Luft über dem Meer nicht gewachsen. Hinzu kamen die starken Magnetfelder der Radarsysteme, die ebenfalls enorme Unregelmäßigkeiten im Gangverhalten der Uhren verursachten. Doch die Piloten waren auf die Genauigkeit ihrer Uhren angewiesen und konnten ihr Zielgebiet nur anhand einer genauen Positionsbestimmung exakt erreichen.

Das Ergebnis zahlreicher Anstrengungen, diese Störeinflüsse zu umgehen, war die Navigations-Armbanduhr Mk. 11 von 1948. Ihre charakteristischen Merkmale wurden in der ersten Spezifikation der RAF niedergelegt.

INTERNATIONAL WATCH Co
SWISS

Die Uhr ist mit einem hochpräzisen Werk sowie Sekundenstopp ausgestattet und besitzt zum Schutz gegen Magnetfelder ein zusätzliches Innengehäuse aus Weicheisen, bei dem das Zifferblatt Bestandteil des Gehäuses ist. Hinzu kommt ein wasserdichtes Gehäuse aus Edelstahl und ein Glas, das bei einem plötzlichen Druckabfall im Gehäuse gehalten wird. Ein schwarzes Zifferblatt, das mit deutlich erkennbaren Markierungen und Zeigern ausgestattet ist, die auch in der Dunkelheit noch ausreichend ablesbar sind, rundeten diese überaus zuverlässige und robuste Uhr ab. Ihren Namen verdankt die Mark 11, deren Schreibweise korrekterweise Mk. 11 lautet, der RAF, die ihre Ausrüstungsgegenstände als »Mark« bezeichnet. Solche Bezeichnungen konnten sich auf mehrere Hersteller zugleich beziehen, die Gegenstände jedoch waren untereinander austauschbar. Die Mk. 11 trug ursprünglich bis 1952 das RAF-Zifferblatt, welches zuweilen als »white 12« bezeichnet wird. Das Zifferblatt bis 1963 wird heute gerne als »no T« bezeichnet. Darauf folgte das »encircled T«-Zifferblatt gemäß der RAF-Spezifikation. Ein weiteres Zifferblatt ist das sogenannte »white dial«. Hier besteht jedoch kein Zusammenhang zu den militärischen Einsätzen. Die Geschichte der IWC Mk. 11 ging für die Piloten der RAF im Jahr 1981 zu Ende. Doch auch nach ihrer Ausmusterung ist die längst zur Legende gewordene Uhr beliebt. Nicht nur für Sammler zählt sie heute zu den begehrtesten Fliegeruhren überhaupt. Auf dem Markt sind nur noch selten gute Stücke anzutreffen. Doch befindet sich einmal eine gute Mk. 11 darunter, liegt ihr Preis schnell bei über 10.000 Euro.

Warum Mk. 11 und nicht Mk. XI?

Die RAF bezog die Uhren sowohl von Jaeger-LeCoultre als auch von der IWC. Beide Modelle glichen sich in Bezug auf ihre technischen Gegebenheiten, wie etwa die Gehäuse- oder Einbaumaße. Ihre Bauteile konnten beinahe beliebig untereinander ausgetauscht werden und erhielten somit die einheitliche Bezeichnung Mark 11. Entgegen der RAAF, der australischen Luftwaffe, gab die RAF kurz nach Ende des Zweiten Weltkriegs die Zählung mit römischen Ziffern auf und ging nunmehr zur Schreibweise mit arabischen Ziffern über. Etwa 2.000 Uhren kamen im Jahr 1949 von JLC, bis 1953 über 7.400 von der IWC.

Sie ist heute ein äußerst gesuchtes Modell: Die Pilotenuhr IWC »Mk. 11« der Referenz 6B/346 mit Handaufzug im Edelstahlgehäuse. Dieses Modell stammt aus dem Jahr 1951 und besitzt eine Leuchtmasse aus Tritium (encircled T). Bild: Beyer Chronometrie AG, Zürich

Die B-Uhr von Laco

Zeitgeschichte mit großen Begehrlichkeiten

47

Was in den 1940er-Jahren ein unverzichtbares Instrument im Cockpit war, ist für viele heute zu einem begehrenswerten Sammlergegenstand geworden. Im Zweiten Weltkrieg verpflichtete das deutsche Wehrwirtschaftsamt einige Uhrenhersteller zur Produktion von B-Uhren, darunter auch die Firma Lacher & Co. in Pforzheim. Beobachtungsuhren für Flieger der deutschen Luftwaffe unterlagen exakt festgelegten Anforderungen, die in der Klassifizierung »Fl. 23883« für Navigationsgeräte festgelegt wurde.

Spitzenpreise für Navigationsuhren

Die verschiedenen Baumuster wurden speziell für die Bedürfnisse an Bord entwickelt. Sie sind robust, sehen nahezu gleich aus, verfügen über einen Sekundenstopp zur genauen Einstellung und lassen sich gut ablesen. Ihre wesentliche Unterscheidung ist die Aufteilung des Zifferblattes. Das Baumuster B mit seinen großen Minutenzahlen in 5er-Schritten am Rand war für den Navigator an Bord, der mithilfe der Fliegeruhr und eines Oktanten die genaue Position des Flugzeuges bestimmen sollte, gedacht.

Gesucht und teuer: Eine originale Laco B-Uhr aus dem Jahr 1940. In ihrem 55 Millimeter großen Gehäuse tickt ein Handaufzugswerk. Bild: Beyer Chronometrie AG

Gutes aus Glashütte

48

Flieger-B-Uhren

Beobachtungsuhren kamen im Zweiten Weltkrieg eine wesentliche Bedeutung zu. Als Instrument zur Feststellung der Position mussten sie sehr ganggenau und gut ablesbar sein. Sie tragen üblicherweise Spuren vom rauen Einsatz in den engen Cockpits. Ihr Gehäuse aus Stahl oder Messing wurde häufig mit einem mattgrauen Lack beschichtet. Vom Reichsluftfahrtministerium wurden ab 1940 verschiedene Hersteller zur Produktion der Uhren verpflichtet. Darunter auch A. Lange & Söhne. Diese Uhren sind selten und sehr gesucht. Einige erzielen Preise weit über 10.000 Euro, vor allem in einem guten Originalzustand.

Die Rohwerke im Fertigungsgrad 3 wurden unter anderem an die Firmen Conrad Felsing (Berlin), Deiter (Essen), Fischer & Trabant (Pforzheim), L.G. (Wien), Metall-Lago (Wien), Näher & Schätzle (Pforzheim), Wempe (Hamburg), Schätzle & Tschudin (Pforzheim) und Schiron (Stuttgart) zur Vollendung sowie der Regulierung weitergeleitet. Das vergoldete Kaliber 48.1 mit einem Durchmesser von 48 Millimetern besitzt eine Kompensationsunruh mit Goldregulierschrauben. Es ist durch einen Lederring im Kronenhals in seinem Gehäuse gasdicht abgeschlossen.

Diese B-Uhr von A. Lange & Söhne wurde bei Schätzle & Tschudin in Pforzheim montiert. In ihr arbeitet das Kaliber 48.1 mit indirekter Zentralsekunde. Neben ihr liegt ein Armband-Flüssigkeitskompass. Bild: Aktionen Dr. Crott

Allein – stellungsmerkmal

Seltener Eindrücker-Fliegerchronograph

49

Vintage-Uhren von Longines besitzen Potenzial, dessen Ende nicht erreicht ist. 1832 in Saint-Imier gegründet, wird 1889 der Name beim Internationalen Amt für Geistiges Eigentum registriert. Damit ist »Longines« eine der ältesten eingetragenen Uhrenmarken der Welt.

Bereits 1905 entstanden erste Herren-Armbanduhren. Longines widmete sich der Zeitmessung im Sport und wurde für die historische Atlantik-Überquerung des amerikanischen Flugpioniers Charles Lindbergh 1927 auserwählt. 1952 wird Longines zum offiziellen Zeitnehmer der Olympischen Winterspiele in Oslo. Aber Longines gilt auch als Pionier in der Evolution der Chronographen. Ein attraktives Modell ist der 37,5 Millimeter große Fliegerchronograph aus Edelstahl mit schwarzem Zifferblatt und arabischen Ziffern. Seine drehbare Lünette besitzt einen leuchtenden dreieckigen Pfeil, speziell für Nachtflüge. Dieses Modell zählt damit zu den frühesten Chronographen mit drehbarer Lünette. Unter dem Druckboden befindet sich das Handaufzugskaliber 13ZN mit 17 Steinen.

Mit der Referenz 3811 schuf Longines einen Eindrücker-Chronographen, der eine einfache Handhabung für Piloten und das Militärpersonal ermöglichen sollte. Dieses Modell stammt aus dem Jahr 1937. Die Preise liegen bei etwa 30.000 Euro. Bild: Auktionen Dr. Crott

50

Für das fliegende Personal

»Armbanduhr mit Doppelstoppeinrichtung«

Im Auftrag der Bundeswehr 1967 von Heuer entwickelt, tickte im 43 Millimeter großen Edelstahlgehäuse des Prototyps das automatische Kaliber Heuer 12 mit 21.600 A/h. Im Serienmodell ab 1968 das Valjoux 230 mit 18.000 A/h mit Handaufzug und Flyback-Funktion. Die Versorgungsnummer: 6645-12-146-3774. Bild: © Bulang and Sons

Armbanduhren mit militärischer Geschichte umgibt eine ganz eigene Aura. Ein spezielles, jedoch sehr beliebtes Sammelgebiet, stellen ausgemusterte Fliegeruhren der Einsatzbereiche des fliegenden Personals der Bundeswehr nach ihrer Gründung im Jahr 1955 dar. Ausrüstungsgegenstände aus deren Beständen sind in Vintage-Sammlerkreisen gesucht.

Ganz vorne steht für Sammler der Flyback-Chronograph 1550 SG »BUND« von Heuer. Seine offizielle Bezeichnung bei der Bundeswehr: »Armbanduhr mit Doppelstoppeinrichtung«. Er verrichtete seinen Dienst unter anderem an Handgelenken von Starfighter- und Phantom-Piloten. Die Leuchtmasse früher Modelle bestand aus Tritium. Einige Zifferblätter sind daher mit einer roten »3H«-Beschriftung im Kreis gekennzeichnet. Sie sind besonders gesucht. Diese Ausrüstungsgegenstände wurden ausschließlich für Soldaten der Bundeswehr ausgegeben und kamen (in der Regel) durch Ausmusterungen in die Hände von Zivilpersonen.

Typ 111

Legende aus den späten 1950ern

51

Im Jahr 1861 im Schwarzwald gegründet, entstand bei Junghans eine große Vielfalt an Uhrenmodellen. Als 1956 mit der Neuaufstellung der deutschen Luftwaffe der Ruf nach Chronographen laut wurde, erhielten Chronographen von Junghans eine Zulassung für deren Regelversorgung. Die Nachfolge für den Typ 110 mit geriffelter Lünette trat ab 1959 der Typ 111 an.

Sein wesentliches Erkennungsmerkmal ist die beidseitig drehbare Lünette mit ihren zwölf Hohlkehlen. Der Chronograph mit der Bezeichnung »Typ 111« fand eine hohe Akzeptanz und wurde schließlich zur Stilikone. Bild: © Bulang and Sons

Der Typ 111 mit einem originalen, schwarzen Lederband mit Durchzug und der Prägung »6645-12-145-6415 Bund«. Einige wurden auch mit Edelstahlbändern der Firma Kiefer ausgestattet.
Bild: © Bulang and Sons

Bereits in den späten Jahren des Zweiten Weltkriegs arbeitete Junghans an der Entwicklung von Chronographen. Unterschiedliche Fliegerchronographen sollten entstehen. Der markanteste darunter, der Typ 111 mit den typischen zwölf Hohlkehlen, gilt heute schlichtweg als Stilikone. Seinem verschraubten Boden und den runden Drückern, die besser abgedichtet werden konnten, ist es zu verdanken, dass der Chronograph auch wasserdicht ist. Zudem erhielt die Unruh eine Stoßsicherung. Mit der Übernahme in die militärische Nutzung bekamen die Uhren auch eine Seriennummer. Bei frühen Modellen wurde als Leuchtmasse noch Radium verwendet, bei späteren Versionen schließlich Tritium. Sein Design hat der Chronograph mit der Typennummer 88/0111 Max Schellenberg zu verdanken, seinerzeit Produktgestalter bei Junghans. Die bei der Bundeswehr übliche Versorgungsnummer 6645-12-124-8591 wurde anfangs vollständig in den Gehäuseboden graviert, später nur noch in gekürzter Version ohne die ersten vier Ziffern. Hinzu kommt die Gravur »Bundeswehr«, die in der Folge durch »Bundeseigentum« abgelöst wurde.

Das 38 Millimeter große Gehäuse bestand zunächst aus Neusilber, wurde dann aber aus Messing hergestellt. Gehäuseoberflächen sowie die Lünette sind matt verchromt. Als Typ 112 war das Modell für den zivilen Gebrauch auch mit einer glanzverchromten Oberfläche erhältlich. Aber auch der Typ 111 wurde für den zivilen Einsatz verwendet. Abnutzungen der Oberfläche ergaben sich in erster Linie an der Unterseite der Hörner. Im Gehäuse tickt das hauseigene Werk J 88 mit einem Durchmesser von 32 Millimetern. Mit 19 Steinen, Breguet-Spirale und polierten Stoppmechanismus-Teilen sowie einem polierten Ankerrad ist das Werk auf Langlebigkeit ausgerichtet. Der Erfolgs-Typ 111 ist heute Spitzenreiter unter den Vintage-Chronographen von Junghans. Seine Preise liegen bei etwa 5.000 Euro.

Pionier-Sinn

Spezialuhren mit großem Renommee

52

Helmut Sinn, Pilot im Zweiten Weltkrieg und Blindfluglehrer, gründete im Jahr 1961 die Firma »Helmut Sinn Spezialuhren« in Frankfurt am Main. Borduhren für die Navigation als auch Fliegerchronographen entstehen und werden als Eigenmarke vertrieben.

Funktionalität, Ablesbarkeit und Qualität stehen im hervorragenden Verhältnis zum Preis. Die Produkte werden zu einem echten Geheimtipp. In den 1960er-Jahren wird eine wasserdichte Uhr mit Schweizer Werk zu einem Preis von knapp 80 Mark angeboten. Einen durchschlagenden Erfolg erzielt Helmut Sinn mit der Modellreihe 103. Der Fliegerchronograph mit seiner beidseitig drehbaren Lünette und einer

Der Ursprung der Sinn 4ATM (links) ist im gleichnamigen Modell von Jaeger zu finden, das in den späten 60er-Jahren in kleinster Stückzahl vertrieben wurde. Die Designgrundlage der Sinn 103 C entstammt dem Entwurf der Mathey-Tissot Tachometer. Bild: Michele Tripi »Sammler von Historischen Sinn-Modellen«

Eine 142 S wurde dem Astronauten Flade bei der MIR-92-Mission zum »treuen Begleiter«. Auch die Piloten der Lufthansa und der deutschen Luftwaffe trugen Chronographen von Sinn. Bild: Fratello Watches, Gerard Nijenbrinks

Wasserdichtigkeit von 100 Metern schreibt eine Erfolgsgeschichte, die bereits in den späten 1960er-Jahren beginnt. Helmut Sinn hält auch in der Quarzkrise an der Produktion mechanischer Uhren fest. Er kauft Restbestände von Bauteilen, Werken oder Gehäusen und verwendet sie für eigene Modelle. Das erklärt auch die starke optische Übereinstimmung zu einigen Modellen fremder Marken, wie etwa die Referenz E2643 von LeCoultre oder die Mathey-Tissot. Zwillingsbrüder haben auch die Sinn 103 A, 103 B sowie die 4ATM. Noch verrichten die Schaltradkaliber Valjoux 72 und das Valjoux 726 ihren Dienst. Ab 1988 ist das Handaufzugswerk Valjoux 7760 sowie das automatische Werk Valjoux 7750 im Einsatz. Gut erhaltene Modelle beginnen bei etwa 10.000 Euro. Der seltene Typ XX erreicht je nach Zustand schon mal die Marke von 25.000 Euro.

Zu weiteren großen Würfen des Hauses zählen die Modellreihen 140 und 142 mit dem Lemania-Werk 5100. Als William Pogue, Astronaut der Skylab-4-Mission, 1973 seinen automatischen Chronographen Seiko 6139 Speedtimer ins All mitnimmt, musste er feststellen, dass der automatische Aufzug in der Schwerelosigkeit ebenso funktioniert wie unter der Gravitation. In der Folge trug Professor Dr. Reinhard Furrer, deutscher Physiker und Astronaut, 1985 an Bord des Space Shuttles Challenger eine Sinn 140 S am Handgelenk. Den Astronauten Klaus-Dietrich Flade begleitete 1992 eine 142 S bei der MIR-92-Mission. Diese Referenzen von Sinn sind in Sammlerkreisen äußerst begehrt und beginnen bei circa 4.000 Euro.

Wer hat das schon?

53 Ein Prototyp fürs Handgelenk

Ausrüstungsgegenständen, deren Entwicklung im Auftrag der NASA oder des Militärs erfolgen soll, liegen in der Regel detaillierte Lastenhefte zugrunde. Das ist jedoch nicht zwingend der Fall, wenn eine Entwicklung zunächst im eigenen Haus stattfindet, auch wenn die NASA eingebunden ist. Die späten 1960er-Jahre sind geprägt von den Vorbereitungen zur ersten Mondlandung. Für diesen Zweck wurde bei Omega mit der Entwicklung einer Armbanduhr, deren Einsatzort im Wesentlichen der Weltraum sein sollte, begonnen. Aus Gründen der Geheimhaltung erhielt das Projekt Omega-intern den Namen »Alaska«. Die Omega Speedmaster, deren Ursprung bereits in den 1950er-Jahren liegt, bildete dabei die Grundlage für diese Arbeiten. Der erste daraus entstandene Prototyp trug die Bezeichnung Alaska I.

Robuste Speedmaster

Im Gegensatz zur Speedmaster besitzt die Alaska I ein weißes Zifferblatt mit einer zusätzlichen Beschichtung, um die Widerstandsfähigkeit gegenüber den starken UV-Strahlen im All zu erhöhen. Der Prototyp musste außerdem den großen Temperaturschwankungen, deren Spitzenwert bis über 120 Grad Celsius erreichen kann, sowie den starken Vibrationen trotzen. Hier stößt eine Armbanduhr schnell an ihre Grenzen. Zum Schutz vor diesen Unwägbarkeiten wurde ein spezielles Öl für das Werk verwendet und das Gehäuse mit einer rot eloxierten Schutzhülle aus Aluminium ummantelt.

Bereits bei der Mission Mercury-Atlas 8 im Oktober 1962 hatte Walter Schirra seine private Omega Speedmaster getragen. Sie überstand alle relevanten Herausforderungen. Die Uhr war also so robust, dass ihr die Vibrationen, die Beschleunigung und die Temperaturunterschiede nichts ausmachten. Allerdings fand zu diesem Zeitpunkt noch keine Landung auf dem Mond statt und Walter Schirra hatte die schützende Raumkapsel nicht verlassen müssen. Ungeachtet dieser Tatsache und des erfolgreichen Einsatzes der Omega Speedmaster Professional bei der Apollo-11-Mission im Juli 1969 mit der ersten Mondlandung, setzte Omega seine Forschungen fort. Das kissenförmige Gehäuse der Alaska I war bereits aus Titan gefertigt. Sein Durchmesser: 46 Millimeter. Auf dem Edelstahl-Gehäuseboden trug sie die Gravur »Prototype« und die Nummerierung »5 003«. 1972 folgte

Gesucht und tragbar: Der Prototyp der Alaska II erhielt anstelle der Tachymeterskala eine im All nützlichere Minutenskala. Ihr Stahlgehäuse wurde mattiert, um Reflektionen zu vermeiden. Bei einer Versteigerung im Auktionshaus Phillips erzielte ein solcher Prototyp 145.000 Euro. Bild: Omega

das Projekt Alaska II. Das nun vollständig aus Edelstahl gefertigte Gehäuse wies die Normalgröße einer Speedmaster von 42 Millimetern auf und war ebenfalls durch das rote Zusatzgehäuse geschützt. Die Prototypen des Alaska III-Projekts besaßen ein schwarzes Zifferblatt. Die Ziffern auf den Totalisatoren sind zur besseren Ablesbarkeit radial angeordnet. Da einige ihrer Bauteile in den Vereinigten Staaten produziert wurden, fehlt ihr der Schriftzug »SWISS MADE«. Ihre Temperaturunempfindlichkeit reicht von minus 148 bis plus 260 Grad Celsius. Ende der 1990er-Jahre wurde schließlich das Alaska-IV-Projekt mit der Omega X33 als letztes seiner Art eingeläutet. Allerdings fand nun ein Quarzantrieb mit LCD-Display Verwendung. Da jedoch weitere Missionen aus Kostengründen abgesagt werden mussten, endeten die Forschungsarbeiten mit der Bezeichnung Alaska.

Astronomische Höhenflüge

Prototypen kommen in der Regel nicht oder nur sehr selten auf den Markt. Damit erhöht sich die Begehrlichkeit solcher Uhren enorm. Vintage-Uhren können schon allein durch ihr Alter spannende Geschichten erzählen, doch hier ist alles nochmals deutlich anders! Es verwundert daher nicht, wenn die Preise von Prototypen astronomische Höhen annehmen.

Omega wird gewürdigt

Die NASA fliegt mit Comic-Hund ins All

54

Durch die Explosion eines Sauerstofftanks im Kommandomodul der Apollo-13-Mission wurde die geplante Landung auf dem Mond unmöglich. Damit die Astronauten wieder wohlbehalten zur Erde zurückkehren konnten, mussten die Triebwerke manuell bedient werden. Sekundengenaue Eingriffe in ihre Steuerung von Hand waren dazu nötig. Dank der Omega Speedmaster an den Handgelenken der Astronauten konnte die erforderliche Zeit ermittelt und damit ein Unglück verhindert werden.

1970 erhält Omega für seine Speedmaster Professional von der NASA als Anerkennung des Engagements der Marke in der Weltraumforschung den »Snoopy Award«. Charles M. Schulz, Schöpfer der Comicserie »Die Peanuts«, überließ der NASA kostenlos die Rechte an seiner Figur Snoopy als Maskottchen. Er war es auch, der Snoopy im Raumanzug zeichnete und den Pin aus Silber, den »Silver Snoopy Award«, schuf. Das Original ist heute im Omega-Museum in Biel ausgestellt. Neben weiteren limitierten Sondereditionen stiegen vor allem die Preise der Vintage-»Snoopy-Speedmaster«.

In Appreciation

For dedication, professionalism and outstanding contributions in support of the first United States Manned Lunar Landing Project

APOLLO

The NASA Astronaut team recognizes the achievements of

OMEGA WATCH COMPANY
SWITZERLAND

Astronaut

Astronaut

Astronaut

MFA
MANNED FLIGHT AWARENESS

NATIONAL AERONAUTICS AND SPACE ADMINISTRATION • MANNED SPACECRAFT CENTER • HOUSTON, TEXAS October 5 1970

Der Snoopy Award ist eine Würdigung der NASA an die Speedmaster Professional und das Engagement von Omega. Bild: Omega/Urkunde

Omega Flightmaster

55

Eine Uhr für Piloten und Helden

Als Transatlantikflüge auch für die breite Masse erschwinglich wurden, stieg die Nachfrage nach Pilotenuhren. Ein ausdrucksstarkes Modell dieser Tage ist die Omega Flightmaster. Im Jahr 1969 vorgestellt, ist sie längst zu einem Klassiker geworden. Neben einer Stoppfunktion bietet die maskuline Uhr eine zweite Zeitzone für Interkontinentalreisen. Sie kann über einen blauen Zeiger unabhängig von der Uhrzeit eingestellt werden.

Dass diese Uhr mit den wuchtigen Abmessungen für Piloten konzipiert wurde, stellt schon die Tatsache unter Beweis, dass sich ihre sieben Zeiger anhand der fünf Bedienelemente intuitiv bedienen und hervorragend ablesen lassen. Dank der farblichen Abstufungen, die sich an den Bedienelementen wiederholen, können die erforderlichen Information schnell erfasst werden. Auch die innenliegende Lünette lässt sich drehen. Noch ist eine Flightmaster aus den Jahren von 1969 bis 1977 zu erschwinglichen Preisen ab etwa 4.500 Euro zu bekommen. Neben den Referenzen 145.013, 145.026 sowie den Referenzen 145.036 und 145.0036, bei denen Anpassungen stattfanden, gilt die auf 200 Stück limitierte Referenz BA 345.0801 aus Gelbgold mit ihrem Gewicht von 250 Gramm als besonders selten.

Die Omega Flightmaster der Referenz 145.036 mit einem Handaufzugswerk stammt aus dem Jahr 1973. Ihre stattlichen Maße: 42,5 x 52,5 Millimeter. Bild: Beyer Chronometrie AG

Drehbuch zum Erfolg

Die 24 Stunden von Breitling

56

Mit der Lancierung des Fliegerchronographen Navitimer im Jahr 1952 trat ein Modell zutage, das zum Flaggschiff des Hauses Breitling werden sollte. Mit seiner Chronographenfunktion und der Rechenschieber-Lünette wurde das Modell als Navigationsinstrument entwickelt.

Die Linie wurde 1962 um das Modell Cosmonaute erweitert. Getragen wurde sie von Scott Carpenter bei seiner Weltraummission mit der Kapsel Aurora 7. Im frühen Modell 809 aus Edelstahl arbeitete ein Handaufzugswerk auf Basis des Venus 178 mit 18.000 Halbschwingungen in der Stunde. Der Preis der »ersten Schweizer Armbanduhr im All« damals: 425 Mark. Dabei trug Carpenter zur Gestaltung der Uhr bei. Seinen Wünschen zufolge erhielt die Uhr eine zentrale 24-Stunden-Anzeige anstelle der Tachymeterskala. Zudem wuchs für die kleine Sonderserie, die Breitling für ihn anfertigte, der Gehäusedurchmesser von 41 auf 43 Millimeter. Mit ihrer außergewöhnlichen Geschichte hat sie sich seither technisch sowie optisch verändert. Für echte Liebhaber fehlten zuletzt leider die Flügel auf dem Zifferblatt-Emblem.

Das 24-Stunden-Zifferblatt bietet einen wesentlichen Vorteil: Selbst in absoluter Dunkelheit zeigt es die tatsächliche Uhrzeit an. Die Modelle, auch die »Scott Carpenter«, beginnen heute bei etwa 5.000 Euro. Bild: Zeitauktion

Fernab der Omnipräsenz

57

Uhr mit seltenem Bekanntheitsgrad

Ungezählte Uhrenhersteller haben die Zeit nicht überdauert, viele sind der Quarzkrise zum Opfer gefallen. Aber auch nach dieser Zeit gaben Hersteller auf oder gingen zu anderen Aufgaben über. Eine solche Geschichte schreibt die Ginsbo Watch Company. Um 1922 bei Günsberg im Schweizer Kanton Solothurn gegründet, wurden in dem kleinen Unternehmen Armbanduhren sowie Pendeluhren produziert.

Für die Armbanduhren wurden Werke von ETA oder Felsa sowie Quarzwerke von ESA zugekauft. Einige Marken- und unzählige Modellnamen, teilweise sehr fantasievoll, entstanden. Ein seltenes Modell ist die Ginsbo-Matic Super 200 Coastguard der Referenz 1752.6 aus den 1960er-Jahren. Angetrieben wird sie vom ETA-Kaliber 2472 mit vergoldetem Rotor. Die Dreizeigeruhr besitzt eine beidseitig drehbare Lünette aus eloxiertem Aluminium mit einer 60-Minuten-Einteilung und einem roten Dreieck. Die Wasserdichtigkeit des 36 Millimeter großen Stahlgehäuses von 200 Metern wird durch ein U-Boot auf dem Schraubboden dargestellt.

Die Ginsbo-Matic Super 200 Coastguard strahlt einen starken maskulinen Charme aus. Zudem ist sie eine Vintage-Uhr mit einem geringen Bekanntheitsgrad – und mit Preisen von rund 1.200 bis etwa 4.000 Euro erschwinglich. Bild: Auktionen Dr. Crott

Mythos Daytona

Eine Uhr nicht nur für den Rennsport

58

Die Rolex Daytona ist eine der bekanntesten Zeitmesser der Welt und ein sehr gefragtes Sammlerstück. Leider muss sie sich auch mit ihrem Schicksal abfinden, zur Riege der am häufigsten gefälschten Uhren der Welt zu zählen. Doch sie war nicht immer begehrt. Sie hatte keinen Start von der Poleposition und erlebte auch später Zeiten, in denen ihr Verkauf stockte, sie monatelang in den Schaufenstern liegen musste, bis sich jemand für sie interessierte.

Start mit Handaufzugswerken

Erste Chronographen besaßen zugekaufte Werke in klassischen Gehäusen, die nicht wasserdicht waren. Erfolgreich war Rolex im Wesentlichen mit der Datejust, Day-Date, Submariner und der GMT-Master im Oyster-Gehäuse. Warum also nicht auch ein Chronographen-Werk in ein Oyster-Gehäuse verpacken? Bereits Mitte der 1950er-Jahre kamen erste Modelle auf den Markt. Die heute als Pre-Daytona bezeichneten Uhren mit der Referenz 6234 wurden bis 1963 angeboten. Im ersten, 36 Millimeter großen Gehäuse kommt das Handaufzugskaliber Valjoux 72 A zum Einsatz. 1961 folgt schließlich mit der Referenz 6238 ein Chronograph, der als Erster der heute so bekannten Daytona ähnlich sieht. Mit seinem modernen Design ist er Wegbereiter für alle weiteren Modelle. In Stahl- oder Gold-Gehäusen arbeitet das Kaliber Valjoux 72 B, ab 1965 das Kaliber 722. In Stahl oder Gold folgt 1963 die Referenz 6239. Den Namenszusatz »Daytona« tragen diese Modelle aber noch nicht. Ab circa 1965 ist er dann über der Zeigerachse zu finden. Mit der Tachymeter-Lünette dieser Tage können bis 200 oder 300 »Units per hour« gemessen werden. Aus dieser Referenz entsteht bereits ein erstes »Paul Newman»-Modell. Auch hier werden die Werke Valjoux 72 B, später 722 sowie 722/1 verwendet. Ein weiteres Modell mit der Referenz 6241 wird in den Jahren 1965 bis etwa 1969 produziert. Es unterscheidet sich nur in wenigen Details von der Referenz 6239. Auch aus ihr gehen »Paul Newman«-Modelle hervor.

Die Daytona wird wasserdicht

Die Referenz 6240 ist nun mit verschraubten Drückern ausgestattet. Mit ihr entsteht die erste wasserdichte Daytona. Zunächst nur als Prototyp gedacht, wird sie nur in kleiner Stückzahl in Stahl hergestellt. Abermals finden die Werke Valjoux 72 B sowie 722 und 722/1 Verwendung. Etwa 1970 kommt mit der Referenz 6262 ein weiteres Modell hinzu, in dem Rolex nun das Kaliber Valjoux 727 einsetzt. Es gilt als präziser und arbeitet im Gegensatz zu ihren Vorgängerkalibern mit ihren 18.000 A/h nunmehr mit einer Schlagzahl von 21.600 A/h. Da ihre Produktion bereits im darauffolgenden Jahr wieder eingestellt wird, wird sie zu einer der seltensten Varianten. In die Vielzahl der Referenzen reiht sich das bis 1972 produzierte Modell 6264 an. Der Referenz 6241 sehr ähnlich, arbeitet in ihr jedoch das Kaliber Valjoux 727. Auch ihre Produktionszahlen sind sehr gering, was sie zu einem gesuchten Modell macht. Aus dieser Referenz entstehen ebenfalls »Paul Newman«-Modelle, die aufgrund der Farbgebung der Zifferblätter zu den Gesuchtesten überhaupt wurden.

Next Generation

Ebenfalls in den frühen 1970er-Jahren stellt Rolex die Modelle 6263 sowie 6265 vor, die auch verschraubte Drücker besitzen, aber eine deutliche Weiterentwicklung darstellen. Neben der Wasserdichtigkeit

Die Referenz 6241 mit silbernem Zifferblatt aus dem Jahr 1968 mit einem roten Daytona-Schriftzug. Ihr Wert heute: rund 100.000 Euro. Die Bezeichnung Daytona wurde erst im Jahr 1967 verbindlich. In den ersten Jahren war sie nur auf Uhren für den amerikanischen Markt zu finden. Bild: LWM Italia Srl di Rimini

Die Daytona der Referenz 6263 in Gelbgold. In ihrem 37 Millimeter großen Gehäuse tickt das Kaliber Valjoux 727 mit einer Schlagzahl von 21.600 A/h. Bild: © Bulang and Sons

wurde zudem am Design gearbeitet. Sie wurden am längsten produziert. Ihr Produktzyklus endet erst in den späten 1980er-Jahren. Auch hier entstehen »Paul Newman«-Modelle. Die Generation bietet neu gestaltete Zifferblätter, darunter auch die stark gesuchte Red Daytona. Ebenfalls neu ist die Aufschrift »Superlative Chronometer Officially Certified«. Zum Einsatz kommt jetzt nur noch das Kaliber 727. Ein letztes Aufbäumen dieser Ära erfolgt in den 1980er-Jahren mit der Referenz 6269 sowie der Referenz 6270. Sie zählen zu den Seltensten überhaupt. Die Lünette der Uhren aus Gelbgold ist mit Diamanten im Brillant- oder Baguetteschliff besetzt.

Zenith kommt ins Spiel

In den 1980er-Jahren erscheint ein Handaufzugswerk nicht mehr zeitgemäß. Zudem wollte man der zunehmenden Dynamik der Autorennen in Daytona Beach folgen und den noch spürbaren Nachwirkungen aus der Quarzkrise entgegenwirken. 1988 erhält die Rolex Daytona mit dem Kaliber 4030 ein Automatikwerk. Und wieder ist es ein zugekauftes Werk. Das El Primero, seit 1969 von Zenith nahezu unverändert produ-

In der Referenz 16520 befindet sich erstmals ein Automatikwerk. Dabei handelt es sich um ein überarbeitetes Werk von Zenith. Dieses Exemplar brilliert durch eine leicht bräunliche Verfärbung der Einrahmungen bei den Totalisatoren. Bild: © Bulang and Sons

ziert, wird aber von Rolex deutlich überarbeitet und seine Halbschwingungen pro Stunde von 36.000 auf 28.800 reduziert. Durch die Zertifizierung dieser Daytona-Modelle hat ein Besitzer auf seinem Zifferblatt viel zu lesen. Neben »Oyster Perpetual Cosmograph Daytona« ist hier nunmehr auch noch der Hinweis »Superlative Chronometer Officially Certified« zu finden. Die Ringe um ihre Totalisatoren lassen sich bis zu den heutigen Modellen finden. Der Gehäusedurchmesser beträgt nun 40 Millimeter. Zudem besitzt dieses Modell erstmals einen Kronenschutz. Der Preis vieler Referenzen hat sich seit den späten achtziger Jahren bis heute beinahe verzehnfacht. Die Preise der Pre-Daytona beginnen bei rund 20.000 Euro, Handaufzugsmodelle der Nachfolgereferenzen meist nicht unter 60.000 Euro.

Das Erste!

59 1969, das Jahr der Chronographen

Am 10. Januar 1969 stellte Zenith das erste Werk für Chronographen mit automatischem Antrieb vor und nannte es El Primero. Es war das Erste, auch wenn bereits am 3. März des gleichen Jahres ein Konsortium, bestehend aus Breitling, Dubois Dépraz, Hamilton-Büren und Heuer, das aus dem »Projekt 99« entstandene ebenfalls automatische Chronographenwerk, »Calibre 11« oder »Chronomatic« genannt, vorstellen konnte. »El Primero« bewährte sich und fand Platz in zahlreichen Uhren. Dieser Chronograph von Zenith besitzt ein verschraubtes Gehäuse mit den Maßen 36 mal 40 Millimeter. Indexe und Zeiger sind mit Tritium beschichtet. Um den Totalisatoren Platz zu verschaffen, rückte das Datum zwischen »4« und »5«. Ein Teil der Produktion war für den US-Markt bestimmt. In den frühen 1970er-Jahren wurden nur etwa 4.000 Stück produziert. Sie tragen ein großes Potenzial in sich und sind heute mit Preisen ab etwa 3.000 Euro noch in einem erschwinglichen Rahmen. Im Neuzustand als Full Set erreichen sie jedoch schnell eine Größenordnung von etwa 6.500 Euro.

Ein überaus attraktiver Chronograph von Zenith. In ihm arbeitet das Werk »El Primero« mit 31 Steinen. Die Uhr von 1973 besitzt ein Gehäuse aus Edelstahl. Bild: Beyer Chronometrie AG, Zürich

60

Heuer Carrera

Untrennbare Verbindung zum Motorsport

Der Name Carrera verbindet den Heuer-Chronographen aus dem Jahr 1963 unweigerlich mit dem Rennsport. Sein klares und hervorragend ablesbares Design entstand sozusagen auf der Rennstrecke. Von dem prestigeträchtigen und sehr gefährlichen Straßenrennen Carrera Panamericana Mexiko stammt schließlich sein Name.

Bis der Chronograph mit Benzin im Blut im Jahr 1969 mit dem automatischen Kaliber 11 ausgestattet werden konnte, arbeiteten in ihm die Schaltradwerke Valjoux 72 und Valjoux 92 mit Handaufzug. Daneben kam ab Ende 1965 auch das Chronographenwerk Landeron 189 zum Einsatz, mit dem erstmals ein digitales Datum in einem Chronographen einzog. Von Anfang an gab es ihn mit einem, zwei oder drei Totalisatoren sowie mit hellem oder schwarzem Zifferblatt. Mit dem Verzicht auf eine Drehlünette vergrößerte sich das 36 Millimeter große Gehäuse optisch und vereinfachte zudem die Ablesbarkeit. Die Carrera sollte zu einer der erfolgreichsten Linien von Heuer und mit der Übernahme durch die Gruppe Techniques d'Avant Garde im Jahr 1985 von TAG Heuer werden. Eine Ikone ist sie ohnehin – inzwischen mit Preisen auch jenseits der 10.000-Euro-Grenze.

Heuer Carrera-Modelle sind auf dem Vintage-Markt sehr gesucht. Preislich noch moderat, ist ein deutlicher Aufwärtstrend spürbar. Bild: ©TAG Heuer

Big Eyes

61 Vintage-Vergnügen aus Deutschland

Auch für den kleineren Geldbeutel gibt es attraktive Vintage-Uhren, wie z. B. einen Chronographen von Dugena um 1968. Despektierlich wird sie auch als »Poor Man Autavia Big Eyes« bezeichnet, da ihr Aussehen stark an die Autavia von Heuer erinnert. Die Uhr bietet einen 30-Minuten-Zähler und eine beidseitig drehbare Tachymeter-Lünette. Im 39 Millimeter großen Edelstahlgehäuse mit verschraubtem Boden tickt das Kaliber Valjoux 7733.

Der Zusammenschluss Schweizer Fabrikanten und Einzelhändler zur »Union Horlogére« im Jahr 1883 erhält später den Zusatznamen »Alpina«. Aufgrund der großen Nachfrage aus Deutschland wird 1917 die Deutsche Uhrmacher-Genossenschaft Alpina in Eisenach gegründet. Aus ihr gingen eigene Handelsmarken, wie »Tresor« und »Festa«, hervor. Um sich von den Alpina-Uhren zu unterscheiden, entsteht das Kunstwort Dugena, unter dem die Genossenschaft fortan geführt wird. Die »Stars ohne Allüren« entwickeln sich in den 1960er-Jahren zur erfolgreichsten deutschen Uhrenmarke.

Alpina
Deutsche Uhrmacher-Genossenschaft
Berlin-Frankfurt a. M.

Geschäfts-Anteil
Nr. 2197
Fünfhundert Mark

Alpina

Die Referenz 3646 aus den späten 1960er-Jahren ist gesucht und liegt preislich zwischen 500 und 3.000 Euro. Rechts eine Aktie der Deutschen Uhrmacher-Genossenschaft Alpina vom 1. Januar 1921. Bild: Auktionen Dr. Crott/Scan vom EDHAC e.V.

Eine der Beliebtesten …

62

On the track, in the air, in the water

Mit einer Inspiration beginnt es meist, mit einem Erfolg endet es manchmal. Im Jahr 1965 lancierte Tissot eine neue Herrenuhr, deren Inspiration auf die Lenkräder der Rennwagen dieser Tage zurückzuführen ist. Deren Lochung sollte Gewicht sparen und sie wirkte zudem sportlich. Bald wurde diese Innovation von vielen Herstellern kopiert. Bei zahlreichen Retro-Modellen sind diese Lochungen noch heute zu finden. Das patentierte Armband der Tissot PR 516 besteht aus einem gebürsteten, zweiteiligen Edelstahlblech, das an die Form eines Handgelenks angepasst ist. Die Durchmesser der Lochungen werden zur Schließe hin kleiner. Neben dem Band liefert die Uhr jedoch noch eine weitere technische Raffinesse. Dank der zu dieser Zeit neuen Incabloc-Stoßsicherung ist die Unruhe sowohl gegen axiale als auch gegen seitliche Stöße geschützt. Das zeigt sich im Namen: »PR« steht für besonders widerstandsfähig.

Das 36,5 Millimeter große Edelstahlgehäuse ist dank verschraubtem Boden und einem speziellen Dichtungssystem wasserdicht. Die Automatikwerke aus der Kaliberfamilie »Tissot 7XX« sind zumeist rotvergoldet, in einem Ring aus Kunststoff gelagert und je nach Ausführung mit 17 oder 21 Steinen bestückt. Bei Vollaufzug liefert das Werk eine Gangreserve von etwa 45 Stunden. Das Datum schaltet zwischen 21:30 und 24:00 Uhr. Die robusten und zeitlosen Uhren sind als Vintage-Modelle gesucht und tragen Potenzial in sich.

Im Rahmen einer preisgekrönten Kampagne präsentiert, wurde die Tissot PR 516 zu einem der beliebtesten Modelle der gesamten Tissot-Kollektion. Bild: Tissot, 1965

Speedmaster Racing

63

Red – eine Uhr, die es nicht gibt?

Seit ihrer Lancierung im Jahr 1957 ist das Design der Omega Speedmaster verhältnismäßig konstant geblieben. Eine Besonderheit stellt die Referenz 145.012 dar, unter der Omega diverse Modelle, wie die Ultraman, die Racing und andere, angeboten hat. Sie waren Teil von Omegas andauerndem Design- und Entwicklungsprozess, in dem visuelle Features der späten 1960er-Jahre integriert wurden.

Aufgrund der unterschiedlichen Farbakzente auf dem Zifferblatt werden diese Modelle oft als »Speedmaster Orange« oder »Orange Racing« bezeichnet. Diese Bezeichnungen – wie natürlich auch die »Speedmaster Red« – stammen nicht von Omega. Auch existieren dazu keine unterschiedlichen Referenzen. Einen ganz besonderen Charakter weist die Speedmaster Professional Racing mit roten Farbakzenten auf. Genaue Angaben bezüglich der Stückzahlen macht Omega nicht. Sie ist jedoch die seltenste Variante der Referenz 145.012 und zugleich die letzte reguläre Speedmaster Moonwatch mit dem Kaliber 321. Weitaus häufiger ist die Speedmaster mit orangen Akzenten anzutreffen. Sie stammt jedoch aus der Zeit nach 1968 und ist bereits mit dem damals neuen Kaliber 861 ausgestattet.

Von dieser roten Variante sind nur wenige Exemplare bekannt. Sie können 35.000 Euro und mehr erreichen. Bild: Auktionen Dr. Crott

64

Charakterkopf

mit dem Code für die Vergangenheit

Der Navigator von Tissot ist ein typischer Vertreter der 1970er-Jahre, der mit seinem sportlichen Gewand und seinen Dimensionen bestens in unsere Zeit passt. Der Edelstahl-Chronograph ist modern, wirkt vollkommen zeitlos und ist daher sehr gesucht.

Unter dem geschlossenen Gehäuseboden arbeitet das Tissot-Kaliber 2170 auf Basis des Kalibers Lemania 1341 mit 17 Steinen, das später durch das weit verbreitete Kaliber 5100 abgelöst wurde. In Gehäusegrößen von 39 und 41 Millimetern gab es den Chronographen als 30-Minuten- sowie als 60-Minuten-Timer in den Jahren von 1970 bis 1979. Die Anzeigen unter dem Acrylglas sind tritiumbeschichtet. Was die Referenz 45501 zusätzlich interessant macht, ist seine technische Raffinesse: Die Stoppminute wird nicht auf einem Totalisator angezeigt, sondern mit einem separaten Minutenzeiger aus der Mitte, der um das Zifferblatt läuft. Die Preise beginnen bei etwa 1.600 Euro.

Tissot engagierte sich im Rennsport und machte sich dabei einen bedeutenden Namen. Ob Navigator oder Seastar, Tissot brachte gegen Ende der 1960er- und in den 70er-Jahren eine Reihe von Chronographen auf den Markt – teils mit Handaufzug, oder wie hier mit Automatikwerk aus dem Jahr 1973. Bild: Tissot

Ikone des Rennsports

… oder wie das Runde ins Eckige kam

65

Kreativität ist in der Regel die Grundlage für ein neues Design. Im Fall der Monaco wurde die Kreativität von Jack Heuer, dem Chef der Chronographen-Marke Heuer, durch ein rechteckiges Uhrengehäuse ausgelöst, das erstmalig in der Geschichte der Armbanduhren wasserdicht produziert werden konnte.

Aus dieser Begeisterung heraus sicherte sich Heuer die alleinigen Rechte zur Nutzung der Gehäuse und trat ungeachtet der Rivalität zu den Mitbewerbern in ein Konsortium mit Breitling, Dubois Dépraz und Hamilton-Büren ein. Als »Projekt 99« bezeichnet, sollte aus der gemeinsamen Unternehmung das erste automatische Chronographenwerk entstehen. Und es musste rasch gehen, denn auch Zenith sowie zwei weitere Firmen in Japan arbeiteten an einem ähnlichen Projekt. Nach einigen Prototypen, die bereits lauffähig waren, konnte dann am 3. März 1969 gleichzeitig in Genf und New York das Werk, das als »Calibre 11« oder auch »Chronomatic« bezeichnet wurde, vorgestellt werden. Doch jemand war ihnen zuvorgekommen. Am 10. Januar 1969 stellte Zenith das erste Werk für Chronographen mit einem automatischen Antrieb vor und nannte es »El Primero«, das Erste. Bis heute halten sich Diskussionen darüber, dass Zenith sein Werk in einem nicht eingeschaltem Zustand präsentierte, sich hingegen das Kaliber 11 bereits fertig eingeschalt in einem Uhrengehäuse befand.

Das »Ur-Modell« der Heuer Monaco von 1969 war noch dem Schriftzug »Chronomatic« bedruckt. Kurz darauf wurde dieser in »Automatic Chronograph« geändert. Die abgebildete Uhr stammt von 1970. Bild: ©TAG Heuer

Die Heuer Monaco mit ihrer schwarzen PVD-Beschichtung, der sogenannte »Dark Lord« wurde in kleinster Stückzahl nur etwa ein Jahr produziert – und erschien nie in einem Katalog. Die Referenz 74033N stammt von 1974. Ihr Schätzpreis liegt bei 40.000 bis 70.000 Euro. Bild: Auktionen Dr. Crott

Kurz darauf stellte Heuer die Modelle Monaco, Carrera und Autavia vor. In ihnen tickte bereits die uhrmacherische Spitzenleistung dieser Tage: das automatische Chronographenkaliber. Neben dieser Besonderheit trug auch die für die 1960er- und 1970er-Jahre typische Andersartigkeit, mit ihrem farbenfrohen Design, der kantigen Form und den liegenden Stundenindexen dazu bei, dass aus der Monaco eine Uhr mit absolutem Kultstatus werden musste. Das Kaliber 11 mit einem Durchmesser von 31 Millimetern und einer Frequenz von 19.800 Halbschwingungen in der Stunde wurde später durch ein weiteres Kaliber mit einer Frequenz von 21.600 A/h ersetzt. Heute gilt die Uhren-Ikone aus der Zeit zwischen 1969 und dem Ende der Produktion im Jahr 1979 als sehr gesucht. Sie stellt mit ihren vielen Zifferblattvarianten und den verschiedenen Automatikwerken bis hin zu einem Handaufzugswerk ein eigenes Sammelgebiet dar.

Porsche Design …

66

… und die Erfindung der Farbe Schwarz

Mit der Vision von Professor Ferdinand Alexander Porsche, den Mythos seines im Jahr 1963 geschaffenen Designobjektes *911* auf weitere Produkte zu übertragen, gründete er 1972 die exklusive Lifestyle-Marke Porsche Design. Zunächst in Stuttgart ansässig, wurde das Designstudio 1974 ins österreichische Zell am See verlegt. Uhren sollten gestaltet werden, die anders waren als die Zeitmesser der traditionellen konservativen Schweizer Uhrenbranche. In ihrem puristischen Design, verbunden mit intelligenten Funktionen, sollte sich die Designsprache des Porsche 911 wiederfinden.

Orfina war der erste Hersteller der legendären mattschwarzen Porsche-Design-Uhren. Es galt die Konzentration auf das Wesentliche: höchste Ablesbarkeit. Auf dem mattschwarzen Zifferblatt heben sich die weißen Zeiger und Indexe deutlich ab. Der rote Sekundenzeiger symbolisiert die Zeiger der Porsche-Instrumente. Bild: Brice Goulard, MONOCHROME Watches

Für die erste Armbanduhr mit dem Schriftzug »Porsche Design« auf dem Zifferblatt konnte F. A. Porsche die im Jahr 1922 gegründete Firma Orfina, deren Kompetenz bei Uhren im Militär- und Fliegeruhren-Design lag, gewinnen. Hier wurde unter anderem der erste Fire Master Chronograph der Welt, eine spezielle Uhr für die Feuerwehr und den Rettungsdienst, entwickelt und produziert. Was nun entstand, beeinflusste ganze Generationen von Armbanduhren nachhaltig. Der Orfina-Chronograph von 1972 mit dem Gen von Porsche besitzt eine vollständig geschwärzte Oberfläche. Und trotz, oder auch wegen seiner Andersartigkeit, wurde der mattschwarze Chronograph 1 sofort ein Erfolgsmodell. Nachteilig wirkte sich das nicht kratzfeste Kristallglas aus, zudem löste sich die schwarze Beschichtung mit der Zeit an den Kanten. In den Jahren ihrer Produktion arbeitete in den Uhren das Kaliber Valjoux 7750 sowie das Kaliber Lemania 5100. Unterschieden werden die Modelle in eine Zivilausführung, deren innenliegende Lünette eine Tachymeterskala aufweist. Der Military-Chronograph hingegen besitzt eine Skala von 1 bis 12 sowie den Schriftzug »Military«.

Die Referenz IWC3510 verbirgt unter ihrem überarbeiteten und vergoldeten ETA-Werk einen Kompass mit Spiegel. Sie ist eine Uhr mit Potenzial für Sammler. Bild: IWC Schaffhausen

Die Zusammenarbeit mit Orfina endete mit deren Insolvenz im Jahr 1991.

Mit der Firma IWC wurden neue Wege beschritten. Das erste Modell dieser Allianz, die Kompassuhr der Referenz 3510, besaß erneut eine geschwärzte Oberfläche. Sie bedeckte jedoch ein vollkommen neues Material: Aluminium. Ihr sollten weitere revolutionäre Modelle folgen, unter anderem auch die Kompassuhr aus Titan, bis Porsche Design schließlich 1995 Anteile der Firma Eterna kaufte. Seit 2014 besitzt Porsche Design eine eigene Uhrenmanufaktur im schweizerischen Solothurn.

Uhren – TITAN

67 Die IWC als Vorreiter in Sachen Material

Der Erfolg des schwarz beschichteten Orfina »Chronograph 1« untermauerte das Vorhaben, die bestehende Designlinie weiter zu verfolgen. 1978 beginnt die Lifestyle-Marke Porsche Design parallel zur Orfina eine Zusammenarbeit mit der IWC.

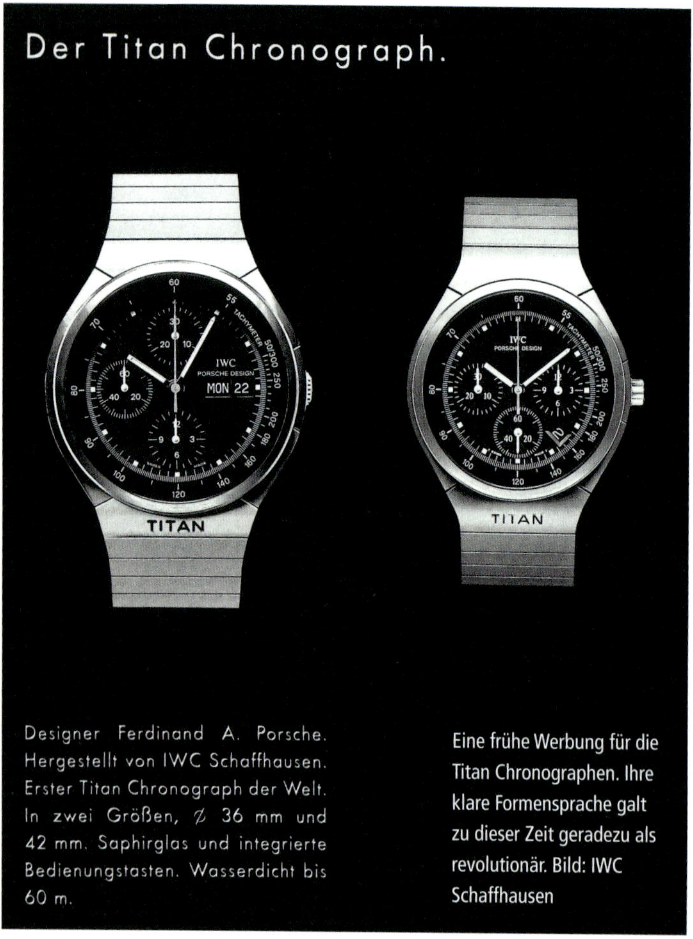
Der Titan Chronograph.
IWC
PORSCHE DESIGN
MON 22
TITAN
TITAN
Designer Ferdinand A. Porsche. Hergestellt von IWC Schaffhausen. Erster Titan Chronograph der Welt. In zwei Größen, ⌀ 36 mm und 42 mm. Saphirglas und integrierte Bedienungstasten. Wasserdicht bis 60 m.

Eine frühe Werbung für die Titan Chronographen. Ihre klare Formensprache galt zu dieser Zeit geradezu als revolutionär. Bild: IWC Schaffhausen

Einen ersten Erfolg dieser Kooperation bescherte die Kompassuhr aus Aluminium. Die IWC, bekannt für ihre Qualität, aber auch für ihre Innovationen auf dem Gebiet der Materialforschung und -bearbeitung, kam zu dem Schluss, eine Uhr vollständig aus dem widerstandsfähigen, leichten, antiallergenen und zähen Titan zu fertigen. 1980 konnte der IWC Porsche Design Titan Chronograph vorgestellt werden. Er ist damit weltweit der erste Chronograph für den zivilen Gebrauch aus diesem Material. Titan wurde jetzt zum bevorzugten Material für Porsche-Design-Uhren. Der IWC Porsche Design Titan Chronograph, Referenz 3704, mit etwa 14 Millimetern Bauhöhe darf in der Zeit der Quarzkrise, in der flache, quarzbetriebene Uhren bevorzugt wurden, als »sportlich« bezeichnet werden. Dennoch konnte er sich gegen die Strömungen dieser Zeit durchsetzen. Auch die zweite Generation ohne den Schriftzug »TITAN« auf dem Anstoß des integrierten Bandes behielt ihre feste Position. Zu ihm gesellte sich noch die Referenz 3732 mit einem auf 36 Millimeter reduzierten Gehäuse, einer Anordnung der Hilfszifferblätter auf 3, 6, 9 und einem Quarzwerk. Dieses Modell war alternativ auch mit Lederband erhältlich.

Der Titan-Chronograph besaß neben den in das Gehäuse integrierten Drückern noch eine weitere Besonderheit: Die Tachymeter-Anzeige war nicht auf das Zifferblatt aufgebracht oder als Ring in die Lünette integriert, sie wurde unter das Saphirglas in Spiegelschrift gedruckt. Im 42 Millimeter großen Modell arbeitet das Kaliber C.790 auf Basis den Kalibers Valjoux ETA 7750. Die Titan-Chronographen mit ihrer mattierten Oberfläche gestalteten das Gesicht der Zeitmessung neu. Sie sind heute sehr gesucht und versprechen eine gute Rendite. Leider sind die Uhrenboxen aus dieser Zeit nur selten in einem neuwertigen Zustand erhalten, da sich das runde Etui gerne an seiner grauen Oberfläche auflöst.

IWC Porsche Design Titan Chronograph, Referenz 3704. Bild: IWC Schaffhausen

Kult – Chronograph

Autavia, Mythos und Legende

68

Bereits 1933 produzierte Heuer einen Chronographen, der auf den Namen Autavia hörte. Er versah seinen Dienst in Autos sowie in Flugzeugen als Cockpitinstrument. Diese Verwendung brachte ihm seinen Namen ein. Aus *Auto*mobile und *Avia*tion wurde Autavia. 1962 fand er schließlich als Referenz 2446 mit 30-Minuten- und Zwölf-Stunden-Zähler seinen Sprung an das Handgelenk. Angetrieben wurde er von dem Schaltrad-Kaliber Valjoux 72. Ebenfalls 1962 erschien die Referenz 3646. Ihr fehlte jedoch der Stundenzähler. Mit der Referenz 2446 erhielt die Autavia im Jahr 1968 auch noch eine zweite Zeitzone anhand eines 24-Stunden-Zeigers.

Bis zum Ende der Produktion im Jahr 1985 trat ein Duzend unterschiedlicher Varianten in Erscheinung, die in Sammlerkreisen überaus begehrt sind. Die wohl wesentlichste Modifikation erfuhr die Autavia der Referenz 1163 mit dem »Calibre 11«. Aus der Riege der Heuer-Chronographen dieser Tage steht ihr Mythos in der Gunst der Sammler höher im Kurs als alle anderen Heuer-Klassiker. Sicher ist das neben ihrem klaren Design der großen Geschichte und dem 39 Millimeter großen Gehäuse, das noch heute genügend maskulines Auftreten bietet, geschuldet. Nicht zu vergessen sind die zahlreichen Rennfahrerlegenden, die diese Uhr trugen.

Außerordentlich begehrt kennen ihre Preise nur eine Richtung: nach oben. Bild: ©TAG Heuer

Graustufen

69

Einer der ersten automatischen Chronographen

Die Linie der ersten automatischen Chronographen von Zenith ist äußerst prestigeträchtig. In den Jahren zwischen 1969 und 1972 als Referenz A386 in einer kleinen Serie von nur ein paar tausend Stück produziert, tobt in ihr das neu entwickelte Kaliber El Primero 3019 PHC mit 36.000 Halbschwingungen in der Stunde. Das Edelstahlgehäuse mit seinem Durchmesser von 37 Millimetern besitzt einen verschraubten Boden, ein Deckglas aus Acryl und neben einer griffigen Krone zwei großflächige Drücker. Der Stoppsekundenzeiger aus der Mitte ist rot lackiert. Anhand eines kleinen Rechtecks mit Leuchtmasse kann auch in der Dunkelheit der Gang der Uhr überprüft werden. Augenfällig sind die drei Totalisatoren der Permanent-Sekunde, der Stoppminute und -stunde. In verschiedenen Graustufen steigern die Designmerkmale die Attraktivität der Uhr deutlich. Eingerahmt wird das Zifferblatt von einer Tachymeterskala, mit der Geschwindigkeiten bis zu 500 Kilometer in der Stunde gemessen werden können.

Aufregend schön, sportlich und bis heute modern! Der Chronograph Zenith El Primero der Referenz A386 ist gesucht, bietet ein entsprechendes Potenzial und bewegt sich bereits im Bereich von rund 15.000 Euro – sofern die verräterischen Anzeichen großer Beanspruchungen fehlen. Bild: Auktionen Dr. Crott

Big Block

Die liebenswerte Korpulenz

70

Als Tudor seine neue Chronographenserie »Prince Oysterdate« vorstellte, wurde eine große Leidenschaft entfacht. 1970 betrat die erste Serie mit der Referenz 7000 im wasserdichten Edelstahlgehäuse mit verschraubbaren Drückern und Krone den Laufsteg der Sportuhren. Für den Antrieb sorgte das mechanische Handaufzugswerk Valjoux-Kaliber 7734. Ein Jahr später folgte die Serie 7100, deren Erscheinungsbild sich von ihrer Vorgängerin kaum unterschied. Im Inneren aber arbeitete nun das Valjoux-Kaliber 234.

Seine Chronographenfunktion über Kupplung und Säulenrad sowie eine höhere Schlagzahl versprachen eine höhere Präzision. Auch diese Serie besaß ein Datum bei 6-Uhr sowie eine Stoppsekunde und -minute. Die Referenzen unterscheiden sich untereinander vor allem im Design der Zifferblätter und der Lünette. Als farbenfroh darf die Referenz 7149 bezeichnet werden, die aufgrund ihrer optischen Erscheinung neben einer grauen Ausführung auch mit blauen Akzenten erschien und die Bezeichnung »Monte Carlo« erhielt. Auch die beidseitig drehbare Lünette wurde in die Serie 7100 adaptiert.

Der Einzug eines automatischen Uhrwerks

1976 schließlich erhielten die Chronographen ein automatisches Werk. Die Architektur des Valjoux-Kalibers 7750 führte zu einer veränderten Anordnung der Totalisatoren, die nun auf die Positionen 6, 9 und 12 Uhr wanderten und das Datum den noch freien Platz auf 3 Uhr einnahm.

Mit der größeren Höhe des Automatikwerks legte das Mittelteil des Gehäuses zu. Der »Big Block«, wie er in Sammlerkreisen genannt wird, war entstanden. Die Serie 9400, aus der die Referenzen 9420, 9421 und 9430 hervorgingen, besaß nun einen Stundenzähler. Ihr Unterscheidungsmerkmal untereinander lag im Wesentlichen in der Gestaltung der Lünette. Erwähnenswert ist die Tachymetereinlage der Referenz 9421 aus Phenoplast-Werkstoff. Aufgrund einiger Designmerkmale entstanden mit diesen Modellen Beinamen, wie etwa die »Exotic« mit ihren hellen Details, die »Monte-Carlo«, die durch die Gestaltung ihrer Totalisatoren einen Vergleich mit einer Roulettescheibe erlaubt, oder etwa die »Square Guards«, deren Name auf einen alternativen Kronenschutz in Rechteckform zurückzuführen ist. Ab 1989 erscheint die neue Serie 79100. Sie unterscheidet sich kaum von der Vorgängerserie, den Hinweis »Rolex« auf der Schließe sucht man jedoch nunmehr vergeblich. 1995 erhält die Serie 79200 die Bezeichnung »Prince Oysterdate Sapphire«. Mit ihr hält das Saphirglas Einzug. Im Gehäuse, das nun rundere Formen aufweist und wahlweise mit Stahl- oder Lederband angeboten wird, tickt noch immer das Kaliber Valjoux 7750, das jedoch über die Jahre immer wieder verbessert wurde. Leider ist nun auch der letzte Hinweis auf das Haus Rolex am Gehäuseboden oder der Krone verschwunden. Das letzte Modell dieser legendären Serie aus einer Zeit, in der nicht grundsätzlich nach einem Manufakturwerk verlangt wurde, war 1999 der »Tiger Tudor Prince Date Chronograph«. Seit ihrem Debüt 1970 setzten sich diese Chronographen gegen die Quarzkrise und zahlreiche Modeerscheinungen durch und sind heute als Vintage-Modelle zurecht sehr begehrt. Ihre Preise bewegen sich unaufhaltsam nach oben.

Der Tudor Chronograph Referenz 7169 mit drehbarer Lünette um etwa 1973. Gesucht und begehrt, liegen die Preise je nach Zustand bereits bei der 20.000-Euro-Grenze. Bild: © Bulang and Sons

Der »Big Block« mit der Referenz 79180 aus dem Jahr 1993. Der offizielle Name der Serie lautet »Prince Oysterdate«. Dieser Name erscheint jedoch nie auf den Zifferblättern. An seine Stelle tritt die Aufschrift »Automatic-Chrono Time« über dem Hilfszifferblatt des Stundenzählers oder »Chrono Time« unter dem Tudor-Schriftzug. Bild: © Bulang and Sons

Die neue Welle

71

Identifikationsmerkmal einer Marke

Mit einem völlig neuen Erscheinungsbild seiner Uhren ist es der Schweizer Traditionsmarke EBEL gelungen, ein Markenzeichen zu schaffen, mit dem es bis zum heutigen Tag identifiziert wird. Anstelle der klassischen Gehäuse erhält die Sport-Classic-Kollektion von 1977 eine flache, sechseckige Form mit Schrauben an der Lünette und ein charakteristisches Wellenarmband aus Metall. Das von Eugène Blum und Alice Lévy im Jahr 1911 gegründete Unternehmen brachte unzählige gestalterische Schöpfungen hervor. Für Vintage-Sammler sind unter anderem die in den Jahren des Zweiten Weltkrieges an die Royal Air Force gelieferten Uhren interessant. Hinzu kamen in den 1950er- und 1960er-Jahren schmuckhafte Uhren im Luxusbereich, mit denen das Haus seinen weltweiten Bekanntheitsgrad weiter ausbauen konnte. Dazu trug auch die Produktion von Cartier-Uhren ihren Teil bei. Den »Architekten der Zeit«, wie sich das Unternehmen in den 80er-Jahren bezeichnete, sind heute viele Vintage-Modelle zu verdanken, auch zu erschwinglichen Preisen.

Inmitten der Quarzkrise ritt EBEL auf der Welle der Quarzuhren und stellte gleich eigene Quarzwerke her. Die Verbindung zum Tennis, der Formel 1 und dem Golfsport führte zu einem ungeahnten Ruhm. Bild: EBEL Sport Classic

Turn me around!

Schön und geschützt

72

Mit den ersten Armbanduhren wurde schnell klar, dass sie am Handgelenk gefährdeter waren als in der Westentasche – vor allem bei der Ausübung von Sport. Diese Erkenntnis beeinflusste auch die Entstehung der Reverso. Sie ist ein prominentes Beispiel, auf welche Weise ein Design entstehen kann. Problematisch in den 1930er-Jahren ist vor allem die Verwendung von Deckgläsern aus Kristallglas oder Zelluloid. Sie waren bruchempfindlich oder nicht UV-beständig, sodass sie sich nach einiger Zeit gelblich verfärbten. Um die Gläser zu schützen, sie aber nicht mit den als unpraktisch oder unschön empfundenen Gittern und Klappdeckeln zu verunzieren, hatte der Schweizer Kaufmann César de Trey die Idee, die Uhr bei Bedarf einfach umzuklappen. Durch eine freundschaftliche Verbindung zu Jacques-David LeCoultre sollte eine spezielle Uhr entstehen: die Reverso. Im März 1931 patentiert, arbeitete ein Handaufzugswerk in einem Korpus, der in der Bodenplatte zwischen den Bandanstößen schwenkbar gelagert ist. Um ein versehentliches Ausklappen zu verhindern, wird der Korpus von zwei Kugeln aus Stahl in einer Nut an der Stirn- und Fußseite der Bodenplatte gehalten. Die Wendeuhr wies zunächst eine fast quadratische Form auf, doch aus ästhetischen Gründen sollte sie bald eine rechteckige Form erhalten. Aufgrund des komplexen Gehäuses musste die Produktion jedoch an A. & E. Wenger ausgelagert werden, zu schwierig war die Herstellung. Auch die zur Verfügung stehenden Werke passten nicht in das Gehäuse.

Besonders gesucht: Signaturen

Bis schließlich 1933 von LeCoultre produzierte Werke zur Verfügung standen, mussten die Werke zugekauft werden. Die Formensprache der Reverso folgte der Schlichtheit des Art déco. In Indien, ihrem ersten großen Absatzmarkt, wurde die Rückseite ihres Gehäuses für Steinbesätze und Gravuren entdeckt. Mit der Zeit wurde sie zur wohl bekanntesten »Leinwand« für Familienwappen oder auch Monogramme. Der Reverso setzte vor allem Feuchtigkeit zu. Auch die im Verhältnis zu späteren Versionen dünne Bodenplatte brachte Schwierigkeiten mit sich. Wurde das Handgelenk zu stark belastet, entriegelte der Kugelmechanismus und die Uhr klappte auf. Dennoch sind frühe Modelle der Reverso gesucht und erzielen im Originalzustand mit Zubehör Preise über 10.000 Euro. Beson-

Eine der vielen Gesichter einer Jaeger-LeCoultre »Reverso«. Die Referenz 2201 aus dem Jahr 1944 ist aus Edelstahl in einer Größe von etwa 23 x 38 Millimetern gefertigt. Ihr Preis liegt bei knapp 15.000 Schweizer Franken. Bild: Beyer Chronometrie AG

ders gesucht sind Modelle mit den Signaturen der Juweliere Cartier, Gübelin oder Türler. Neben Hamilton wurde sogar Patek Philippe beliefert. Sie dürften heute die teuersten Reverso-Modelle sein. Ebenfalls stark begehrt sind Uhren mit dem Zusatz »Staybrite«, der englischen Bezeichnung für »rostfrei«.

Ganz schön schräg!

Designvariationen der Zwanziger Jahre

73

Der Ursprung der Vacheron Constantin »American 1921« fällt in eine Zeit, in der die Hersteller experimentierten und nach revolutionären Formen für die Armbanduhren suchten. Was in dieser Zeit entstand, ist in vielen Fällen noch heute sehr aktuell.

In den 1920er-Jahren bestimmte das Auto im Wesentlichen in Amerika das Straßenbild. Das brachte Vacheron Constantin auf die Idee, speziell für den amerikanischen Markt eine Uhr zu produzieren. Es entstanden kissenförmige Gehäuse, in denen die Zifferblätter um 45 Grad gedreht waren. Diese Anordnung des Zifferblattes hatte für Autofahrer den Vorteil, die Zeit gut ablesen zu können, ohne dabei die Hand vom Lenkrad nehmen zu müssen. Auch damals schon wurden Modelle für Rechts-, aber auch für Linkshänder produziert. Angetrieben wurden die Uhren von einem hauseigenen Kaliber mit Handaufzug. Originale aus dieser Zeit stammen aus einer Kleinstserie und sind ausgesprochen selten. Entsprechend hoch sind die Preise.

Die Zifferblätter sind jeweils um 45 Grad gedreht, um damit die Ablesbarkeit zu verbessern. Von Links: Referenz 11032 und 11677. Bild: Vacheron Constantin

74

Driver's watches

Vintage-Uhren der anderen Art

Sogenannte Autofahreruhren gelten als sehr speziell. Ihre Bezeichnung verdanken sie ihrer eigenwilligen Form sowie zahlreichen Werbebildern, auf denen die Träger der Uhr ein Lenkrad in der Hand halten. Bemerkenswert: Sie ermöglichen das Ablesen der Uhrzeit, ohne das Handgelenk drehen zu müssen. Die Erfindung dieser sogenannten »Seitenauflieger« stammt aus den 1930er-Jahren. The Gruen Watch Company meldete bereits 1937 ein Patent für eine Uhr als »Ristside Curvex« an. Diesem plötzlichen Trend folgten Firmen, wie Elgin, Gemex, Hamilton, Wadsworth, Monarch, Finlay Straus und einige mehr. Ihre Konstruktionen unterscheiden sich im Wesentlichen durch ihre Bandanstöße. In beweglicher Form erlaubten sie ein Tragen in verschiedenen Positionen. Bei einigen sind sie jedoch Bestandteil des Gehäuses und stehen weit über, sodass sie ausschließlich an der Schmalseite des Handgelenks getragen werden können. Anfang der 1940er-Jahre waren sie nicht mehr en vogue. Wiederbelebungsversuche blieben ohne Erfolg. Als »Driver's Watch« erlebten diese Uhren mit der Tewor Vertikal Automatik in den 1960er-Jahren ein kurzes Revival. Doch auch mit der Computron von Bulova oder der Amida Digitrend in den 70ern konnte der einstige Hype nicht mehr erreicht werden.

»The new three-way Contour«, eine Hamilton, die sich sowohl auf dem Handgelenk, an der Seite, als auch unterhalb des Handgelenks tragen lässt. Bild: Private Sammlung

Bugatti am Handgelenk

Ganz spezielle Armbanduhren

75

Partnerschaften zwischen Auto- und Uhrenherstellern bestehen schon lange. Junghans schuf bereits 1908 speziell für diesen Zweck ein Schwingsystem, das den Erschütterungen während der Fahrt standhalten sollte. Heute stehen zahlreiche Hersteller von Armbanduhren mit Automarken in Kooperation, wie etwa TAG Heuer mit Aston Martin, Breitling mit Bentley, Richard Mille und McLaren oder Hublot mit Ferrari. Auch im Bereich der Vintage-Armbanduhren gibt es Beispiele für Marken-Partnerschaften. Darunter eine Uhr von Mido, gefertigt auf Wunsch von Ettore Bugatti.

Ettore Bugatti, Konstrukteur und Automobilfabrikant von Luxus- sowie Renn- und Sportwagen, ließ in den 1920er- und 1930er-Jahren bei Mido kleine Serien sehr spezieller Armbanduhren fertigen. Bugatti hatte neben seinen Fahrzeugen auch eine große Freude an Armbanduhren. Einige der Uhren überreichte er als Siegerprämie an seine Fahrer, aber auch verdiente Mitarbeiter wurden berücksichtigt.

Auf Wunsch von Mido gefertigt: Uhren in Form eines Kühlergrills. Unterhalb der Krone, die den Verschluss eines Kühlers darstellt, befindet sich das rot emaillierte Bugatti-Logo. In Kleinserien wurden solche Uhren in Gold und Silber angefertigt. Diese Uhr wurde für 340.000 US-Dollar versteigert. Bild: Vintage Watch Story – (vws.fr)

76

Geheimnisvolle Rolex

Einzelstücke anstelle von Massenprodukten

Uhren von Rolex genießen einen weltweiten Bekanntheitsgrad. Doch es gibt unter ihnen auch nahezu unbekannte Modelle, wie etwa den »Centregraph«. Seine Entwicklung geht in die 1930er-Jahre zurück und zeigt den Versuch von Rolex, sich in der Welt des Sports weiter zu positionieren.
Der Centregraph, Referenz 3462, besitzt bereits eine Stoppfunktion. Rolex verfolgte dabei den Anspruch, ein eigenes Werk mit dieser Zusatzfunktion zu entwickeln. Dazu wurde ein Handaufzugswerk in seiner Architektur dahingehend erweitert, dass aus dem zentralen Sekundenzeiger ein Stoppzeiger wird. Wird der Drücker betätigt, springt der Sekundenzeiger in die »Null-Position«, also auf »12«. Wird der Drücker losgelassen, läuft der Zeiger los. Bei erneutem Betätigen des Drückers stoppt er und springt wieder in seine ursprüngliche Position zurück. Um auch Minuten messen zu können, kam der »Zerograph« hinzu, der als erste Uhr von Rolex eine in beide Richtungen drehbare Lünette besitzt. Von beiden Modellen wurden nur ein paar Stück produziert. Bekannt wurden die Uhren ab 1937. Preise weit über 300.000 Euro sind hierbei die Regel.

Für den Centregraph sowie den Zerograph wurde ein Oystergehäuse mit verschraubter Krone verwendet. Bild: Auktionen Dr. Crott

Horlogerie exquise

Rolex-»Münzrand«-Chronograph

77

Im Jahr 1908 ließ Hans Wilsdorf den Produktnamen Rolex schützen. Er sollte in allen Sprachen ausgesprochen werden können. Die Ableitung stammt von »horlogerie exquise«. In den 1940er-Jahren entsteht der Rolex Coin Edge Chronograph, dessen Bezeichnung auf den gerädelten Rand, ähnlich einer Münze, zurückzuführen ist. Rolex-Chronographen mit der Referenz 4062 sind sehr selten. Noch seltener ist die Variante mit dem »Anti-Magnetic«-Schriftzug über der »6«. Innerhalb der Tachymeter-Skala liegt noch eine weitere statische Skala in roter Schrift, die Telemeter-Skala. Mit ihr kann die Entfernung zu einem Gewitter gemessen werden. Die Skala hat allerdings einen militärischen Ursprung. In seinem 36 Millimeter großen Goldgehäuse tickt ein Schaltrad-Chronographenwerk mit Handaufzug. Seine Seltenheit, gepaart mit einem solchen Erhaltungszustand, treiben den Preis in die Höhe, der sich sicher noch weiterentwickeln wird.

Der Rolex-Handaufzug-Chronograph der Referenz 4062 stammt aus dem Jahr 1945. Er stellt auf beeindruckende Weise dar, wie ausdrucksstark und mit wie viel Charme Vintage-Uhren ausgestattet sein können. Bild: Beyer Chronometrie AG

Uhr mit Dreh

78

Cabrio, aber nie offen

Ende 1983 gründet Gerd-Rüdiger Lang das Unternehmen »Chronoswiss« in München. Es entstehen hochwertige, mechanische Uhren mit faszinierenden Innovationen. Sie erlangen einen hohen Bekanntheitsgrad, der neben ihrer Qualität auch auf einige ausgefallene Designmerkmale zurückzuführen ist. 1991 wird die Wendeuhr Cabrio vorgestellt. Über ein Drehscharnier in einem rechteckigen Rahmen kann sie jeweils um 180 Grad gedreht werden.

Mit dem Zifferblatt nach unten zeigt sie dem Betrachter ihr Herz durch einen Saphirglasboden. Dabei handelt es sich um ein Automatikwerk der ETA SA Manufacture Horlogère Suisse, kurz ETA. Das Kaliber 2670 besitzt 25 Steine und einen Goldrotor. Aufwendig ist ihr bis 30 Meter wasserdichtes Gehäuse, das aus 26 Bauteilen zusammengesetzt ist. Mit Gehäusemaßen von 35 mal 27 Millimetern als Herrenuhr deklariert, gilt sie heute sicher als unisex. Für sie wurden die Materialien Gold, Stahl/Rotgold als Referenz 2672 und Stahl als Referenz 2673 mit verschiedenen Zifferblattvarianten verwendet. In der Goldversion besteht das Zifferblatt aus massivem Sterlingsilber.

Mit der Referenz CH2671 besteht die Cabrio aus massivem Gelbgold. Hier liegt ihr Preis im guten Zustand bei etwa 5.500 bis 6.500 Euro. In Stahl beginnen die Preise etwa bei 1.500 Euro. Bild: Zeitauktion

Später Erfolg

79 Portugieser, Taschen- oder Armbanduhr?

Als zierliche und eher kleine Armbanduhren en vogue waren, sollte plötzlich eine groß dimensionierte Uhr entworfen werden. Uhrenimporteure aus Porto und Lissabon fragten bei der Uhrenmanufaktur IWC in Schaffhausen an und stellten das Unternehmen vor die Aufgabe, eine großformatige, sehr genau gehende Uhr in einem Stahlgehäuse zu entwerfen. Dem Wunsch folgend, sollte auf Basis eines Taschenuhrwerks eine der bekanntesten Linien von IWC entstehen, die sogenannte »Portugieser«.

Erst mit der Neuauflage erfolgreich

Tatsächlich sind hochwertige Taschenuhrenkaliber, die bereits 1913 erstmals produziert wurden, in eigens dafür gefertigte Edelstahlgehäuse eingeschalt worden. Sie waren weder mit einer Stoßsicherung ausgestattet, noch waren sie nennenswert wasserdicht. Mit einem Durchmesser von stolzen 41,5 Millimetern und einem Acrylglas ausgestattet, werden die Uhren schließlich 1939 vorgestellt. Doch die für die Zeit überdimensionierten Uhren fanden keinen rechten Anklang.

Zunächst ein Ladenhüter mit nur 690 verkauften Uhren. Die Portugieser floppte in einer Zeit, in der zierliche Uhren bevorzugt wurden. Sie sollte sich jedoch zu einem späteren Zeitpunkt zum Verkaufsschlager entwickeln. Bilder: IWC Schaffhausen

Erst in den 1970er-Jahren kam die klassische Schönheit mit ihrer optimalen Ablesbarkeit endlich zu ihrer verdienten Anerkennung. Gerade die Uhren aus der Anfangszeit, mit ihren silbernen oder schwarzen Zifferblättern, sind heute von Sammlern weltweit äußerst gesucht und werden teuer bezahlt. Als 1993 die neue IWC Portugieser mit der Referenz 5441 vorgestellt wurde, urteilten die Interessenten deutlich anders als damals: Sie war schnell ausverkauft.

Das Ur-Modell der Portugieser der Referenz 325 wurde 1939 vorgestellt. Das Manufaktur-Handaufzugskaliber 74 mit 17 Steinen hat einen Durchmesser von 37,8 Millimeter und eine Höhe von 4,43 Millimeter. Die Unruhfrequenz liegt bei 18.000 Halbschwingungen in der Stunde.

Umfassend, gesamtheitlich!

Zeit-Maschinen mit begehrten Werken

80

Universal Genève, 1894 in Le Locle gegründet, produziert zunächst Kronen, Gehäuse, Uhrwerke und Zifferblätter. Bald jedoch entstehen komplette Uhren mit eigenen Werken. Ein erster Armband-Chronograph wird 1917 vorgestellt.

Mit der Verlegung des Firmensitzes von Le Locle nach Genf steigert sich die Wahrnehmung des Unternehmens. In den 1930er-Jahren entstehen Modelle, wie die Compur oder Aero Compax. Populär wurde vor allem die Compax mit eingebauter Stoppuhr, deren Modellvielfalt große Aufmerksamkeit auf sich zog und heute im Vintage-Bereich sehr gesucht ist. Auf sie ist es auch zurückzuführen, dass Begriffe wie »Tri-Compax« oder »Bi-Compax« vielerorts für die Anordnung von Totalisatoren verwendet werden. Große Bekanntheit erlangte zudem die Linie des Polerouter, dessen Produktion 1969 endete. Angetrieben von einem innovativen »Microtor«-Uhrwerk erlangte diese Linie eine hohe Anerkennung. Diese Uhren besitzen Potenzial und sind vor allem mit konstruktiv interessanten Schaltrad-Chronographenwerken ausgestattet – und preislich noch erschwinglich.

Der Universal Genève Compur 30 Chronograph der Referenz 12457 stammt von circa 1945. Die Preise beginnen bei etwa 3.000 Euro. Bild: Dreamwatch

Disco Volante

81

Ausdruck echter Schönheit

In den 1950er-Jahren entsteht die Patek Philippe Referenz 2551, die auch »Disco Volante« genannt wird. Der Spitzname entstammt dem Italienischen und bedeutet »fliegende Untertasse«. Er bezieht sich auf das flache, gestufte Gehäuseprofil. Die Referenz 2551 mit ihrem Durchmesser von 36 Millimetern besitzt einen verschraubten Gehäuseboden. Die Aufzugskrone trägt anstelle des Calatrava-Kreuzes noch die ursprüngliche Patek-Philippe-Signatur mit einem doppelten »P«.

Wie bereits beim Vorgängermodell der Referenz 2526 arbeitet in ihr das automatische Patek-Philippe-Kaliber 12-600 AT mit 30 Steinen. Im Jahr 1953 eingeführt, ist es das erste automatische Kaliber von Patek Philippe. Es gilt in Sammlerkreisen als eines der feinsten Automatikwerke. Mit 12 Linien und einer Bauhöhe von etwa 6 Millimetern besitzt das Werk eine Gyromax-Unruh, eine Schwanenhals-Feinregulierung und einen guillochierten Goldrotor. Die Schlagzahl beträgt 19.800 A/h. 1960 folgt das Kaliber 27-460 mit einem neu konstruierten Lager für den schweren Rotor.

Diese Patek Philippe »Disco Volante« mit der Referenz 2551 stammt aus dem Jahr 1956. Ihr Preis liegt bei etwa 25.000 Schweizer Franken. Bild: Beyer Chronometrie AG

Aushängeschild Calatrava

Eine der begehrtesten Dress Watches

82

Das Calatrava-Kreuz ist auf einen der ersten großen spanischen Ritterorden zurückzuführen, der 1158 vom Zisterzienserabt Raimundo Serrat gegründet wurde. Seit dem 27. April 1887 ist das Symbol für Mut, Unabhängigkeit und Ritterlichkeit für Patek Philippe als geschütztes Markenzeichen eingetragen und steht damit für die Werte des Hauses insgesamt.

Es symbolisiert die exzellente Uhrmacherkunst sowie eine von kurzlebigen Trends unberührte und bleibende Ästhetik. Das Calatrava-Kreuz zierte schon viele unterschiedliche Modelle als dekoratives Element und fand seinen Platz auf deren Gehäuseboden oder der Aufzugskrone. Heute trägt es jede Patek-Philippe-Uhr. Es ist daher nicht verwunderlich, dass nach diesem Symbol eine eigene Linie benannt wurde. Ihre Geschichte beginnt mit

Besonders gesucht ist die Calatrava in Edelstahl. Die Referenz 96 von 1941 mit ihrem Handaufzugskaliber kommt dabei auf etwa 45.000 Schweizer Franken. Ihr Durchmesser beträgt 30,5 Millimeter. Bild: Beyer Chronometrie AG

der Referenz 96. Sie liefert jedoch auch einen Hinweis darauf, dass das Haus in den frühen 1920er-Jahren finanziell angeschlagen war. Erst mit der Übernahme der Mehrheitsbeteiligung am Unternehmen durch die Brüder Jean und Charles Henri Stern und der Lancierung der Referenz 96 erhielt das Unternehmen seine Stabilität zurück. In zahlreichen Varianten produziert, ist die Calatrava das am häufigsten gefertigte Modell. Sie wurde zu einer der begehrtesten Uhren für beinahe jeden Anlass und zum Aushängeschild der berühmten Manufaktur in Genf. Ihr Erkennungsmerkmal ist eine schlichte Eleganz, die ohne überflüssige Details auskommt. Dabei ist das Uhrengehäuse einfach konstruiert. Seine Form folgt der Funktion. Mit einem Durchmesser von etwa 30,5 Millimetern und einer Bauhöhe von knapp 9 Millimetern ist die Uhr für heutige Maßstäbe überaus zierlich. Das Gehäuse ist dreiteilig. Die polierte Lünette und der geschlossene Gehäuseboden sind gedrückt.

Dass sie auf dem Vintage-Markt ausgesprochen gesucht ist, ist neben ihrer Vielfalt vor allem ihrem »Gesicht« geschuldet. Klar und attraktiv zeigt sie die Zeit an. Ihr Markenzeichen ist die dezentrale Sekunde auf einem Hilfszifferblatt bei der »6«. Das Zifferblatt selbst ist von trapezförmigen Markierungen aus Gold umrundet, die Anzeige von Stunden- und Minuten erfolgt durch facettierte Dauphine-Zeiger. Die Referenz 96 wurde in einer unglaublich langen Zeit von 1932 bis 1973 produziert. Darunter auch in der Gestalt einer Fliegeruhr. Dabei war dieses Modell nie für Piloten vorgesehen. Sie gilt als Vorbild für die Limited Edition der Calatrava der Referenz 5522A-001, aus der in der Folge die 5524G mit einer Zwei-Zeitzonen-Mechanik zur Anzeige der Orts- und Heimatzeit entstehen sollte. Ihre enorme Vielfalt erhöht die Sehnsucht, sie zu sammeln. Auch das Urgestein der Calatrava erschien mit zentraler Sekunde. Gewaltig ist die Vielzahl der Zifferblattvarianten. In den ersten Modellen tickt ein zugekauftes Werk, was in diesen Tagen keine Seltenheit darstellt. Dabei handelte es sich um ein 12-liniges Handaufzugswerk von Jaeger-LeCoultre mit 18 Steinen und Schwanenhals-Feinregulierung. Mit der Finissierung bei Patek Philippe erhielt es das Poinçon de Genève. Unter der Führung der Brüder Stern kamen jedoch bald hauseigene Werke zum Einsatz. Darunter das Kaliber 12‴-120 mit kleiner Sekunde und das Kaliber 12‴SC mit Zentralsekunde. Auch wenn die Architektur der Zentralsekunde durch eine Zuleistung von Victorin Piguet ergänzt ist, sind diese Werke besonders für Sammler von Bedeutung. Die Referenz 96 ist ein echter Klassiker mit einer schier unendlichen Vielfalt, die unzählige Male von anderen Herstellern kopiert wurde. Für Patek Philippe selbst hat sich diese zurückhaltende Linie bis heute als überaus erfolgreich erwiesen.

Eine perfekte Konstellation

»Acht-Sterne-Uhr« von Omega

83

Mit ihrer Lancierung im Jahr 1952 nahm die Omega Constellation einen der vorderen Plätze in der Welt der Armbanduhren ein. Durch ihre »hochwertige Konstruktion und die unerschütterliche Präzision« erreichte die Constellation einen hohen Bekanntheitsgrad und prägte den Begriff »Schweizer Uhr« nachhaltig.

Der geschlossene Gehäuseboden zeigt ein Observatorium in Reliefdarstellung und acht Sterne, die auf acht Präzisionsrekorde hinweisen, welche Omega Mitte des 20. Jahrhunderts in Kew-Teddington und im Genfer Observatorium erzielte.

In aller Regel aus Gelbgold, aber auch aus Stahl, Stahl/Gold, Roségold oder Platin, hatten sie eines gemein: eine kantige Krone mit 10 Flächen, das bombierte Zifferblatt, die rautenförmigen Stundenmarkierungen und die kantigen Bandanstöße. In den Uhren der ersten Generation tickt das rotvergoldete Kaliber 354 mit Hammerautomatik und Chronometer-Zertifizierung. Bereits kurz nach ihrer Einführung erhielt sie ein Werk mit einem umlaufenden Aufzugsrotor. Die Constellation der frühen Jahre besitzt ein großes Potenzial, was sich in den Preisen deutlich zeigt.

Sie löste die Omega Centenary von 1948 ab. Heute ist die Constellation Grand Luxe, Constellation Deluxe oder auch Constellation II Deluxe Calendar sehr begehrt. Bild: Bert Buijsrogge

Cornes de vache

84

Super-Chronograph der Nachkriegsjahre

Vacheron Constantin lanciert 1955 ein Chronographenmodell, das heute bei den Sammlern besonders begehrt ist. Sein Name: »Cornes de vache«. Das in kleinen Stückzahlen hergestellte Modell hat seinen Namen den markanten Bandanstößen, die an Kuhhörner erinnern, zu verdanken. Außergewöhnlich für Chronographen in diesen Tagen ist seine Wasserdichtigkeit.

Dieser Chronograph wird von einem ungewöhnlichen Klassizismus geprägt. Im 35 Millimeter großen Goldgehäuse des Doppeldrücker-Chronographen mit der Referenz 6087 arbeitet ein Handaufzugswerk. Für Vacheron Constantin üblich, ist das Kaliber 492 mit der Genfer Punze geadelt. Für eine bessere Ablesbarkeit bestehen der Chronographen-Sekunden- und der Minutenzeiger sowie die Permanentsekunde aus gebläutem Stahl. Die Zeiger von Stunde und Minute des 30-Minuten-Zählers sind hingegen aus Gold. Von Kennern gesucht, fallen die Preise für diesen herausragenden Chronographen trotz seines heute als klein empfundenen Gehäusedurchmessers entsprechend hoch aus.

Sein klares Gesicht wird von einer Tachymeterskala eingerahmt. Einen Hinweis auf die Werkskonstruktion liefern die unterschiedlichen Abstände der Drücker zur Krone. Bild: Vacheron Constantin

Sehr ungewöhnlich!

85

Jaeger-LeCoultre mal ganz anders

Im Schweizerischen Le Sentier entsteht 1833 das Unternehmen LeCoultre. Neben einer unglaublichen Vielfalt von Werken höchster Qualität lassen sich auch Kaliber mit Chronographenfunktionen, Repetitionsmechanismen, Serien kleiner Komplikationen und Ende des 19. Jahrhunderts große Komplikationen mit Minutenrepetition, ewigem Kalender sowie Doppelzeiger-Chronographen finden.

Ab den 1950er-Jahren entstehen Berühmtheiten, die heute gesuchte Modelle sind. Als besonders selten gilt die Referenz E2645 aus den 1960er-Jahren. Mit ihrem kissenförmigen, 38 mal 41 Millimeter großen Gehäuse und den verdeckten Bandanstößen wirkt sie sportlich-elegant. Außergewöhnlich ist die geriffelte Lünette aus 14-karätigem Gold, die einen Vergleich mit einigen Rolex-Modellen erlaubt. Der unterschiedliche Abstand der Drücker verweist auf das 17-steinige Kaliber Valjoux 72. Für eine Uhr aus dem Hause Jaeger-LeCoultre kann sie als auffällig bezeichnet werden. Aufgrund ihrer Seltenheit und ihrer Erscheinung ist sie als Vintage-Sportuhr gesucht. Ihre Preise sind noch moderat, können sich aber durchaus in Größenordnungen von um die 7.000 Euro bewegen.

In der Referenz E2645 arbeitet das Valjoux 72, ein »alter Bekannter«, der auch in der Rolex Daytona und einigen mehr seinen Dienst leistete. Bild: Dreamwatch

Zeit – los

86

Mode, was ist das?

Die Liste derer, die auf eine präzise Zeitmessung von Longines vertrauen, ist lang. Seit der Gründung des Unternehmens im Jahr 1832 sind neben einem Eindrücker-Chronographen im Jahr 1878 auch Zeitmesser entstanden, mit denen auf eine Fünftelsekunde genau gemessen werden kann. Neben den sportlichen Uhren für Forscher, Pioniere der Luftfahrt oder den Rennsport wurden aber auch elegante Uhren produziert.

Elegante Dress Watches von Longines aus den 1960er- bis in die 1980er-Jahre sind heute begehrte Vintage-Uhren. Ein Beispiel ist die Referenz 8241. In ihrem 34,5 Millimeter großen Rotgoldgehäuse mit Druckboden arbeitet das Kaliber 490. Das 13-linige Handaufzugswerk mit 17 Lagersteinen und 21.600 Halbschwingungen in der Stunde verfügt über eine Gangreserve von rund 45 Stunden. Unterschiedliche Zifferblattvarianten und Gehäusematerialien sind bekannt. Ihr Auftreten mit der großen, dezentralen Sekunde unter dem Acrylglas lässt ihr Alter in Vergessenheit geraten und sie unverändert modern erscheinen. Preislich befinden sich die Modelle noch im moderaten Rahmen und haben große Entwicklungsmöglichkeiten.

Die Referenz 8241 stammt aus dem Jahr 1971. Dass ihr Design über 60 Jahre alt ist, sieht man ihr nicht an. Sie ist noch heute so modern wie damals. Bild: Beyer Chronometrie AG

Grenzenloser Erfolg

»Spezial-Automatic« in großer Verbreitung

87

Der VEB Glashütter Uhrenbetriebe (GUB) produzierte in der Zeit zwischen 1964 und 1978 über 3,6 Millionen Exemplare einer ganz speziellen Armbanduhr. Die Rede ist von der berühmten »Spezimatic«, deren Gesichter so vielfältig waren wie ihre Käuferschicht. Ihr klangvoller Name setzt sich aus »Spezial« und »Automatik« zusammen. Um die Verkaufszahlen ranken sich Gerüchte, dass es sich um weitaus mehr handeln könnte, da längst nicht alle Verkäufe aufgelistet wurden. Sie wurde zum großen Erfolgsmodell, und das nicht nur im Osten der Republik!

Moderner denn je!

Kein Wunder also, dass die »Spezimatic« noch heute vielerorts getragen und natürlich gesammelt wird. Aufgrund ihres robusten und langlebigen Uhrwerks ist das durchaus möglich. Sie ist vor allem auch ein

Eines der gesuchten Gesichter der Spezimatic mit einem blauen Zifferblatt aus dem Jahr 1975. Bild: Deutsches Uhrenmuseum Glashütte, René Gaens

Vertreter von Vintage-Uhren mit einer sehr langen deutschen Geschichte. Darüber hinaus liegen sie preislich in einem erschwinglichen Rahmen. Das kann sich jedoch in naher Zukunft ändern, da sie vermehrt auf Auktionen anzutreffen sind. Die Geschichte des Erfolgs wird im Wesentlichen von Modellen mit schwarzen, weißen oder auch blauen Zifferblättern angeführt. Sie sind auf eine natürliche Weise wieder modern. Die optisch unterschiedlichen Zeitzeugen versprühen geradewegs den Charme jener Zeit mit ihren politischen Strukturen. In einer noch wesentlich größeren Vielfalt wurden Damenmodelle mit dem Kaliber 09-20 angeboten. Die Gehäuse der Spezimatic sind verchromt, vergoldet oder aus Edelstahl. Verschiedene Modelle in kleinen Auflagen waren aus 14-karätigem Gold gefertigt und teilweise mit vergoldeten Werken bestückt.

Der VEB Glashütter Uhrenbetriebe (GUB) stellte 1960 als Eigenentwicklung die GUB Kaliber 67.1 und 68.1 mit einer Bauhöhe von 6.8 Millimetern und einem Durchmesser von 28 Millimetern vor. Ab 1964 folgte das GUB Kaliber 74 (06-25) mit einer Bauhöhe von nur noch 5,05 Millimetern sowie das GUB Kaliber 75 (06-26), das es aufgrund der Datumsanzeige auf 5,55 Millimeter brachte. Die Werke mit einer indirekten Zentralsekunde sind mit einem beidseitig wirkenden Aufzug und einem Rotor aus Schwermetall, einer für Glashütte typischen Dreiviertelplatine und einem gesondert demontierbaren Federhaus ausgestattet. Die Werke galten damit als langlebig und sehr servicefreundlich. Aus der großen Produktionsmenge gingen in Spitzenzeiten zwischen 30 und 50 Prozent als Devisenbringer ins Ausland. Die Produktion endete 1978. Preislich bewegen sich die unterschiedlichen Uhrenmodelle, die für viele ein eigenes Sammelgebiet darstellen, zwischen 200 und 3.000 Euro.

Eine Spezimatic aus dem Jahr 1967 ist heute so modern wie damals. Bild: Deutsches Uhrenmuseum Glashütte, René Gaens

Verwechslung möglich!

Noch eine »Einfache Stoppuhr«

88

Auf den ersten Blick könnte der Turnograph von Vacheron Constantin mit einem Modell von Rolex verwechselt werden, so ähnlich sehen sie sich. Das ist im Wesentlichen auf die für Vacheron Constantin unübliche Gehäuseform, aber auch auf die ähnlich gestaltete, drehbare Lünette zurückzuführen.

Auch die Formgebung der Hörner erlaubt einen direkten Vergleich. Beim zweiten Blick werden die Unterschiede aber deutlich, durch die sich etwa die Gehäuseflanken, Krone, die Lupe und die Lünette unterscheiden.

Diese sehr seltene Referenz 6782 von Vacheron Constantin stammt aus dem Jahr 1967. In ihrem Goldgehäuse arbeitet ein Automatikwerk. Ihr Wert: etwa 17.000 Schweizer Franken. Bild: Beyer Chronometrie AG

Der Turn-O-Graph der Referenz 6202 von Rolex wurde 1953 eingeführt. Seine Drehlünette, deren praktische Funktion mit der einer »einfachen Stoppuhr« beworben wurde, führte dazu, dass der »Turn-O-Graph« bald in der Elite-Kunstflugstaffel der Vereinigten Staaten, den »Thunderbirds«, eingesetzt wurde. Aus marketingtechnischen Gründen erhielt die Uhr daher für den amerikanischen Markt den Namen »Thunderbird«. Fortan wurde sie aufgrund ihres besonderen Erkennungsmerkmals, der Lünette, mit dem Namen in Verbindung gebracht. Bis heute kommt sie in Sammlerkreisen nicht mehr davon los. Doch erst die Referenz 6309, eine Oyster Perpetual in Gelbgold oder die Referenz 6202 Rolesor in Gold und Edelstahl aus dem Jahr 1954, erlauben einen direkten Vergleich mit der Referenz 6782 von Vacheron Constantin. Uhrengeschichtlich sind markenübergreifende Ähnlichkeiten oftmals keine Seltenheit. Vacheron Constantin produzierte die Referenz 6782 in den Jahren von 1962 bis 1972. Diese Linie sticht aus der in diesen Jahren gefertigten Uhren des Genfer Hauses heraus. Mit ihrem zeitlosen Design ist sie eine Uhr für alle Eventualitäten. Ihr 36 Millimeter großes Goldgehäuse ist verschraubt und wasserdicht. Diese Attribute, vor allem aber die massive Goldlünette und ihre Robustheit, verleihen ihr den berechtigten Status »Sportuhr«.

Dress Watch und zugleich Sportuhr

Aufgrund der Ähnlichkeit zu Rolex erhielt auch sie den Beinamen »Thunderbird« oder »Turnograph«, wobei hier die Schreibweise zu beachten ist. Als seltene Uhr mit einem revolutionären Auftreten wurde sie zur Ikone. Die Manufaktur hat in den vielen Jahrzehnten seit ihrer Gründung im Jahr 1755 immer wieder Designmöglichkeiten ausgelotet und damit nicht nur einmal uhrmacherische Grenzen verschoben. Hartnäckig halten sich über die Referenz 6782 Gerüchte, dass von ihr nicht einmal 100 Stück produziert worden sein sollen. Ungeachtet dieser Tatsache sind bei dieser Uhr eine große Vielzahl an unterschiedlichen Zifferblattvarianten anzutreffen. Die meisten davon sind mit einem silbernen Zifferblatt bestückt, deren Farbe sich mit der Zeit champagnerfarben veränderte. Die Linie ist mit dem hauseigenen Kaliber K1072/1 ausgestattet, welches das »Poinçon de Genève« trägt. Ob nun durch andere Modelle inspiriert oder nicht, die heute vielerorts als Turnograph bezeichnete und erfolgreiche Referenz 6782 gab bei Vacheron Constantin vielleicht den Anreiz zur Entwicklung der attraktiven Overseas. Beide sind in jedem Fall eine perfekte Symbiose aus Dress Watch und Sportuhr. Aufgrund der Seltenheit dieses Modells und des weltweiten Bekanntheitsgrads der Marke sind diese Uhren vor allem unter Kennern sehr gesucht.

»Triple Two«

Mut zur Andersartigkeit

89

Seit der Gründung von Vacheron Constantin im Jahr 1755 werden in der Manufaktur ohne Unterbrechung Uhren produziert. In den Linien des Hauses finden sich exklusive und komplizierte Modelle. Einer der Zeitmesser sticht jedoch von Anfang an besonders heraus: das Modell 222. Seine Erscheinung lässt für viele auf eine Verwandtschaft zur Royal Oak von Audemars Piquet, der Nautilus von Patek Philippe oder der Ingenieur von IWC schließen und damit auf die Handschrift des genialen Designers Gérald Genta. Doch die Manufaktur engagierte hierzu den jungen Künstler und Designer Jörg Hysek, der bereits für Cartier, Ebel, Omega und Tiffany tätig wurde. Aus seiner Feder stammt auch das Design der Breguet Marine oder der TAG Heuer Kirium. Das Modell 222 kann vielleicht als Reaktion auf die Quarzkrise verstanden werden. Nachdem sich erste Erfolge bei der Royal Oak einstellten, erschien 1977 die »Triple Two«. Ihr Name ist auf das 222-jährige Firmenjubiläum von Vacheron Constantin zurückzuführen. Sie trägt daher eine »222«-Gravur auf dem Gehäuseboden.

Nur in kleiner Auflage

Das Modell ist heute bei Vintage-Liebhabern beliebt. Mit ihrem 37 Millimeter großen, als »Jumbo« bezeichneten Edelstahlgehäuse, das es in Stahl, in Stahl-Gold oder Massivgold gab, ist die 222 eine Trageuhr für alle Eventualitäten. Ob beim Segelsport oder am Konferenztisch, sie besitzt genügend Exklusivität und trumpft zugleich mit Individualität. Dank ihres Monoblock-Gehäuses, einer verschraubten Lünette sowie einer doppelt gesicherten Krone ist sie bis 120 Meter wasserdicht. Der Zugang zum Werk ist nur mit einem Spezialwerkzeug über die Kannelierung an der Lünette möglich. Sogar eine Magnetfeldresistenz wird ihr eingeräumt. Im 37 Millimeter großen Modell arbeitet das extraflache Automatikwerk Kaliber 1121, basierend auf dem Kaliber 920 von Jaeger-LeCoultre. Hergestellt wurde das Modell 222 als Referenz 44018 und in einer etwas verkleinerten Dimension als Referenz 46003 zwischen 1977 und 1984. Neben diesen Modellen gab es weitere Größen und Formen, wie etwa ein 31 Millimeter kleines, quadratisches Gehäuse der Referenz 46004. Auch ein quarzbetriebenes Modell befand sich in der Linie. Über dem genauen Produktionsausstoß liegt ein Mantel des Schweigens.

Die »Triple Two« trägt die Formensprache ihrer Zeit und auf dem Gehäuse das Markenlogo des Hauses, ein goldenes Malteserkreuz. Wie auch bei der Royal Oak, der Ingenieur und der Nautilus lässt sich ein maritimes Erscheinungsbild nicht leugnen. In der Bicolor-Variante ist sie sehr wahrscheinlich die beliebteste Version in den 1970er-Jahren.
Bild: A Collected Man, London

Zwei »Hausnummern« treten jedoch immer wieder in Erscheinung: etwa 700 und beim kleineren Modell etwa 300 Stück. Nach Produktionsende im Jahr 1984 tritt das Modell 333 mit einem achteckig wirkenden Gehäuse und einem Fensterdatum bei der »9« die Nachfolge an. Übrigens: Eine 222-»Jumbo« wurde im Set mit der Geldscheinklammer und Box für knapp 70.000 US-Dollar versteigert.

Bruch der Konventionen

90 Königliches Flaggschiff

Mit der Royal Oak von Audemars Piguet wurden die Weichen in eine völlig neue Richtung gestellt. 1972 begann etwas, was bis dahin keiner so recht glauben wollte: Eine Stahluhr sollte mehr wert sein als Gold. Obendrein waren Uhrengehäuse mit übergroßen Abmessungen zu dieser Zeit völlig ungewohnt. Nun waren sie plötzlich en vogue!

Auch wenn ihr Start nicht sofort von Erfolg gekrönt war, so ließ sich doch die stählerne Zukunft im Luxus-Segment nicht mehr aufhalten. Das Rezept war überaus erfolgreich: Eine Uhr aus bestem Hause, ein hervorragendes Werk, wenngleich von Jaeger-LeCoultre zugekauft und eine exklusive Verarbeitung in einem markanten Design, dessen Wiedererkennungswert bis heute Wellen schlägt. Ungeachtet der Tatsache, dass das Unternehmen weitere attraktive Linien bietet, wird es doch über die Royal Oak identifiziert. Preislich gibt es für die Royal Oak nur noch eine Richtung: nach oben.

Diese Royal Oak aus der A-Serie mit der Referenz 5402 stammt aus dem Jahr 1973. Besonders wertvoll: Sie befindet sich in einem nicht restaurierten Zustand. Für eine Royal Oak in dieser Qualität werden mehrfach fünfstellige Beträge aufgerufen.
Bild: A Collected Man London

Kultobjekt

91

Quantième Perpétuel Automatique

Ein Ewiger Kalender ist aufgrund seiner schwierigen technischen Umsetzung etwas aufregendes, vor allem, wenn er sehr flach ist. Die Referenz 5548 von Audemars Piguet entstand in einer Zeit, in der mechanische Uhren einen schweren Stand hatten. Seine Lancierung erfolgte jedoch gerade im richtigen Moment, da er mit seiner Feinheit und der Ausstrahlung ganz offenbar dazu beitragen konnte, Audemars Piguet durch die Quarzkrise zu retten.

Untergebracht ist das Kaliber Jaeger-LeCoultre 2120 in einem Goldgehäuse mit einem Durchmesser von 36 Millimetern. Trotz des aufgesetzten Dépraz-Moduls für den Ewigen Kalender und die Mondphase bei 6 Uhr bleibt das Werk mit seiner Bauhöhe unter 4 Millimetern. Die Monatskalender-, Datums- und Tagesanzeige übernehmen gebläute Stahlzeiger. Die Komplikationen werden anhand eines Golddrückers über drei Einstellknöpfe am Gehäuse bedient. In Sammlerkreisen wird vor allem nach der Bedruckung »SWISS« oder »SWISS MADE« unterschieden. »SWISS« tragen die frühen Modelle. Die komplizierte Uhr wurde in einer sehr niedrigen Stückzahl produziert, wodurch sich ihre Begehrlichkeit nur noch weiter steigerte. Die Preise beginnen bei etwa 20.000 Euro.

Der Audemars Piguet Quantième Perpétuel Automatique ist selten und in gehobenen Vintage-Sammlerkreisen sehr gesucht. Bild: © Bulang and Sons

Cartier Tank

Stilikone und Überlebenskünstlerin

92

Woher kommt die Inspiration für ein neues Uhrendesign? Weltweit bekannt sind Beispiele, wie etwa die Designgrundlage der Royal Oak, der Nautilus oder der Reverso. Andere wiederum folgen einfach der Funktion. Als Louis Cartier ein neues Modell entwarf, tobte der Erste Weltkrieg, Panzerwagen prägten die Straßenbilder. Die Formen der Panzer, den sogenannten Tanks, lieferten den gestalterischen Ansatz für die Cartier Tank.

Als Louis Cartier im Jahr 1917 sein neues Modell vorstellte, hatte er eine der größten Stilikonen geschaffen, deren Entstehungsgeschichte sich weit über die militärische Symbolik hinaus erhebt. Sie steht für ein neues Zeitalter in der Uhrengeschichte. In einer Zeit, die noch von Taschenuhren dominiert wird, leistet sie einen großen Beitrag zur Emanzipation der Armbanduhr und hilft, sie salonfähig zu machen. Cartier gelang ein Glücksgriff. Trotz ihrer Sachlichkeit wurde sie zur schillernden Persönlichkeit. Ihre Lancierung: 1919. Wenige Jahre später entfiel bereits ein Viertel der gesamten Armbanduhren-Produktion des Hauses auf die neue Linie, vor allem auf Herrenmodelle. Die Tank wurde Klassiker und Stilikone zugleich. Ihr Markenzeichen wird der Saphircabochon auf der Krone, der sich an allen Modellvariationen wiederfindet. Darunter Varianten, wie etwa die Tank Cintrée mit einem gewölbten Gehäuse ab 1921, die Tank Chinoise mit fernöstlichen Motiven ab 1922 oder die Tank à Guichets, deren Darstellung der Zeit digital durch Fenster im Goldgehäuse erfolgt. Schnell wurde die Tank zur weltweit populärsten Armbanduhr im Cartier-Sortiment. Prominente aus aller Welt trugen sie an ihrem Handgelenk. Auch spezielle Wünsche, wie die wasserdichte Tank Etanche im Jahr 1931, konnten erfüllt werden. Viele Modelle reihen sich in der Ahnengalerie aneinander. Sie sind heute gesucht. Darunter befindet sich auch die Tank Savonnette, die Petite Tank Rectangle und natürlich die schräg angeordnete Tank Asymétrique.

»Eine Uhr, die man tragen muss!«

Im Jahr 1965 erscheint die Petite Tank Allongée, deren Gehäuse durch Streckung größer wirkt. 1977 wird die Linie Les Must de Cartier Tank vorgestellt. In ihrem Gehäuse aus vergoldetem Sterlingsilber arbeitet nun auch ein Quarzwerk. Preislich auf einem günstigen Niveau, entsteht die Linie in der Unternehmenskooperation mit EBEL in La Crux-de-

Fonds. 1979 erscheint die Les Must de Cartier Tank mit weinrot lackiertem Zifferblatt. Doch den günstigeren Preisen zum Trotz, zählte gerade dieses Modell bis Mitte der 1980er-Jahre zu den weltweit am häufigsten gefälschten Armbanduhren. Beschlagnahmt und neben unzähligen weiteren Fälschungen wurden diese Uhren, medienwirksam inszeniert, von einer Straßenwalze überrollt. Die Tank überstand alle Einflüsse der Mode, passte sich in der Größe an und schaffte es bis in unsere Zeit. Als Vintage-Uhr lässt sie sich entsprechend häufig finden – und auch bezahlen. Problematisch sind »Vintage-Tanks« mit ihrem Gehäuse aus vergoldetem Sterlingsilber. Die elektrolytische Wirkung einer feuchten Haut setzte vielen Uhren zu. Ihre Goldschicht ging verloren und das Material wurde unansehnlich. Als regelrechte Überlebenskünstlerin wurde sie in ihrer über einhundertjährigen Geschichte zur Legende. Zu den berühmten Trägerinnen und Trägern zählt auch Andy Warhol. Er war es, der für diese Uhr den unvergessenen Spruch prägte »Ich trage die Tank nicht, um zu wissen, wie spät es ist. Ich ziehe sie niemals auf. Ich trage die Tank, weil man diese Uhr einfach tragen muss.«

Die Cartier Tank zeigt in ihrer über hundertjährigen Geschichte ihre Wandlungsfähigkeit.
Von links: Nick Welsh, Collection Cartier © Cartier Paris, 1920, 1925, 1930, 1993.
Unten: Vincent Wulveryck, Collection Cartier © Cartier Paris, 1936 und rechts 1928.
Mitte: Nick Welsh, Collection Cartier © Cartier, 1977

Mondäner Chic

93

Ein echter Flugpionier, die Cartier Santos

Louis Cartier entwarf im Jahr 1904 für seinen Freund Alberto Santos-Dumont, dem brasilianischen Piloten, eine erste Herrenuhr für das Handgelenk. Mit dieser zunächst aus Stahl gefertigten Uhr legte er den Grundstein für Herren-Armbanduhren – aber auch für Fliegeruhren.

Anfang des 20. Jahrhunderts, kurz nach den ersten »Sprüngen« im bemannten Motorflug des deutschen Ingenieurs und Flugpioniers Gustav Weißkopf oder den Gebrüdern Wright in Amerika, gelang es auch dem 1873 in Brasilien geborenen Erfinder und Flugpionier Alberto Santos-Dumont, abzuheben. Beinahe in Vergessenheit geraten, zählen seine Leistungen zu den Großen in der Entwicklung des bemannten Motorfluges. Vielerorts als »Vater der Luftfahrt« benannt, war es sein Wunsch, eine Uhr bei sich tragen zu können, deren Ablesbarkeit vor allem während des Fluges möglich war. Die bis dahin für Herren üblichen Taschenuhren erwiesen

Der Klassiker von Cartier schlechthin. Ihren Höhepunkt erlebten die Uhren in den 1980er-Jahren. Inzwischen steigt das Interesse wieder … und die Preise. Bilder: © Bulang and Sons

Ein makelloses Design: Die »Santos« von Cartier verfügt als Herrenuhr über eine längere Vergangenheit als jede andere Armbanduhr. Seit ihrem Entwurf im Jahr 1904 wurde sie in unzähligen Varianten produziert, hat sich aber dabei selbst bewahrt. Bild: © Bulang and Sons

sich in einem Fluggerät als unpraktisch und damit ungeeignet. Für die Navigation und Steuerung des Flugzeugs war ein schnelles Ablesen der Uhrzeit Voraussetzung. Doch dazu musste Santos-Dumont die Hände frei haben. Bereits fast einhundert Jahre zuvor hatte Abraham Louis Breguet im Jahr 1810 eine erste Armbanduhr für Damen angefertigt. Patek Philippe stellte 1868 eine Schmuckuhr für das Handgelenk der Damen vor. Vielleicht trugen diese Entwicklungen einen Teil zu den Überlegungen von Louis Cartier bei, als er für seinen Freund eine Uhr für das Handgelenk konstruierte.

Louis Cartier überreichte die von ihm gefertigte Armbanduhr seinem Freund Santos-Dumont als persönliches Geschenk. Zu diesem Zeitpunkt trug die Uhr noch keine Bezeichnung und blieb ein Einzelstück. Das sollte sich jedoch nach einem grandiosen Flug im Jahr 1906 ändern, an dem der Flugpionier eine Distanz von rund 220 Metern in geringer Höhe zurücklegte. An seinem Handgelenk: die Uhr von Cartier. Erst im Jahr 1911 wurden erste Uhren aus Gold mit Werken von Edmund Jaeger bei Cartier in Paris angeboten. Der Siegeszug der Cartier Modelle, heute meist nur als »Cartier Santos« bezeichnet, nahm Fahrt auf. In ihrer über einhundertjährigen Geschichte entstand so manche Variante oder Größe, vor allem jedoch wurde sie zu einem weltweit erfolgreichen Uhrenklassiker. Auch als Vintage-Uhr ist sie begehrt – und oftmals noch erschwinglich.

Vintage – Quartz

94

Großes Potenzial trotz Quarzantrieb

Mit der Massentauglichkeit der Quarzuhren in den frühen 1970er-Jahren wurde die alteingesessene Schweizer Uhrenindustrie regelrecht überrannt. Die fernöstlichen Produkte waren mit ihrer bis dahin ungeahnten Genauigkeit mechanischen Uhren überlegen. Zudem waren sie unempfindlich gegen Stöße, anhand ihres Antriebs relativ wartungsfrei und günstig. Die Nachfrage nach mechanischen Uhren ging dramatisch zurück. In der Folge versank die Schweizer Uhrenindustrie in einer existenzbedrohenden Krise. Viele Firmen sahen sich daher genötigt, mit ihrer langen Tradition zu brechen und selbst quarzbetriebene Modelle zu produzieren. So auch Rolex. Im Jahr 1977 stellte das Unternehmen schließlich die Oysterquartz vor.

Den Anfang machten die Referenz 17000 in Stahl, die 17013 in Rolesor und die 19018 in Gold mit einer Wasserdichtigkeit von zunächst 50 Metern. Eine Chronometer-Zertifizierung kam nur der Gold-Ver-

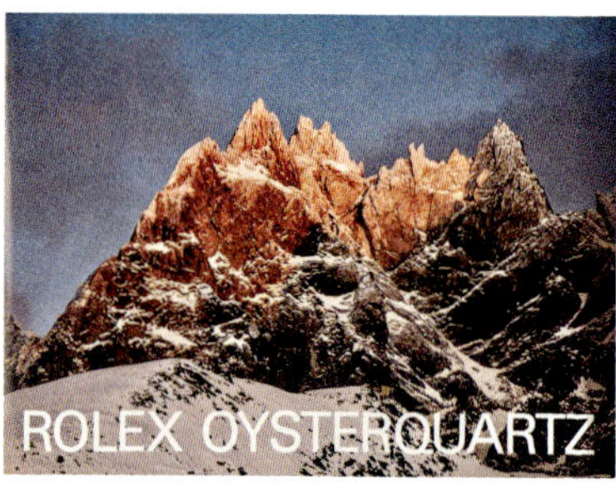

Die Referenz 17000 erlangte vielerorts den höchsten Beliebtheitsgrad. Sie birgt ein großes Potenzial. Die abgebildete Oysterquartz stammt aus dem Jahr 1983.
Bild: A Collected Man London, Sammlung Friesenegger

sion zugute. Von der ersten Stunde an waren alle bereits mit einem Saphirglas ausgestattet. Auch wenn die Bezeichnungen »Datejust« oder »Day-Date« auf die Verwandtschaft zu den mechanischen Modellen verweisen, unterscheiden sich die Quarz-Modelle durch das kantige, sehr robuste Gehäuse und Band deutlich. In ihnen arbeitet das hauseigene Werk 5035, für die Day-Date-Version das Kaliber 5055. Ab 1981 wurden die Kaliber werkseitig optimiert. Dazu wurde das Stab-Kristall durch einen Stimmgabel-Kristall ersetzt. Diese Werke zählen bis heute zu den besten jemals verbauten Quarzwerken. Fortan waren alle Referenzen als Chronometer zertifiziert, die Wasserdichtigkeit erhöhte sich auf 100 Meter und die Modellvielfalt nahm weiter zu.

Das Ende einer Ära

Elf Modellvarianten gab es insgesamt. Darunter die Referenz 17000, eine Oysterquartz Datejust in Edelstahl mit einem dreiteiligen Band, die 17013 als Rolesor-Variante in Edelstahl mit Gelbgoldlünette und zwei Gold-Gliedern im Band und die Referenz 19018, eine Day-Date in Gold. Sie wurden durch die Referenz 17014, einer Variante in Stahl, einem fünfteiligen Band und Weißgoldlünette, mit oder ohne Steinbesatz auf dem Zifferblatt sowie die Day-Date-Varianten 19018, 19028/38 (mit »Pyramiden«-Dekor) und 19048 in Gold, mit oder ohne Steinbesatz, ergänzt. Ab 1993 gab es die Luxusvariante Day-Date in Gelbgold als Referenz 19148 mit zusätzlichem Steinbesatz auf dem Band. Als letzte im Bunde kamen die Referenzen 19019 und 19049 der Day-Date-Serie Weißgold hinzu. Das Band der Goldvarianten erinnert ein wenig an das Präsidentband der mechanischen Modelle. Besonderen Ruhm erlangte die Oysterquartz mit einer Erstbesteigung des Mount Everest ohne Verwendung von Sauerstoffgeräten.

Auf der Expedition im Mai 1978 trug sie kein geringerer als Reinhold Messner mit Peter Habeler. Mit dem herannahenden Ende der Quarzkrise entstand wieder mehr Interesse an mechanischen Uhren. Vorbei der Hype zu extraflach und supergenau und wieder hin zu einer Seele in den Uhren. Damit gingen aber auch – wenngleich noch sehr langsam – die Verkaufszahlen der Oysterquartz zurück. Erst 2003 wurde die letzte Oysterquartz produziert. Aufgrund ihrer geringen Gesamtstückzahl – auch hier gibt sich Rolex verschlossen wie eine Auster – zählt die Oysterquartz zu einer der selteneren Rolex-Modelle. Sie sind als Full Set gesucht, im Besonderen, wenn das Booklet im guten Zustand enthalten ist. Es ist im Querformat in drei Varianten sowie als weiteres im Hochformat bekannt. Noch sind ihre Preise mit etwa 6.500 Euro für die Referenz 17000 moderat. Es bleibt jedoch abzuwarten, wie lange noch.

Heuer in der Quarzkrise

Die moderne Form der Zeitmessung

95

Mit der Quarzkrise sollte sich in der Welt der Uhren, vor allem derer aus der Schweizer Uhrenindustrie, vieles ändern. Für einige bedeutete das einen starken Produktionsrückgang, für andere sogar die Einstellung der Fertigung. Heuer ließ sich davon nicht aufhalten und wurde selbst zu einem Pionier in der elektronischen Zeitnahme.Der Aufbruch in die Quarz-Ära brachte im Jahr 1971 den Centigraph mit einer Genauigkeit von 1/1000-Sekunde hervor. Mit ihm beschritt Heuer neue Wege im Automobilrennsport. Ein Team konnte nun mehrere Fahrer, Runden und Gesamtzeiten gleichzeitig erfassen. Als das Modell Chronosplit Mitte der 1970er-Jahre die Handgelenke eroberte, stiegen viele, darunter auch Rennfahrer, auf die moderne Form des Zeitmessens um. Eine weitere Entwicklung stellt der Heuer Chronosplit GMT Manhattan von 1977 dar, der mit einem LCD-Uhrwerk, Kaliber 104 und einem analogen Uhrwerk, Kaliber Citizen 8515 mit einer Genauigkeit von 1/100-Sekunde ausgestattet ist. »Der neue Look in Chronographen«, wie Heuer ihn bewarb, stach aus der Masse heraus. Sechskantig und mit Stierkopfform gab es ihn in Edelstahl und in einer vergoldeten Version mit verschiedenen Zifferblättern.

Die Heuer Chronosplit GMT Manhattan erreicht heute durchaus 2.500 Euro oder mehr.
Bild: ©TAG Heuer

Ihrer Zeit voraus

Die Schließe ist bereits mit Drucktasten ausgestattet, der Gehäuseboden verschraubt. Auch das Band ist sehr aufwendig und massiv gearbeitet. Neben der »Manhattan GMT« gab es auch die »Senator GMT« mit einer etwas weicheren Formgebung.

96

Die bunte Zeit

Uhren in den schrillen 1970er-Jahren

Ob Blumen im Haar, auf den Küchenfliesen oder über den Roststellen des VW-Käfers, die 70er-Jahre waren wild, schrill und bunt. Was in den Jahren der Nachkriegszeit trist und grau war, wurde nun laut und überall sichtbar. Auch die Musik war laut und unvergänglich, wie die von ABBA, den Bee Gees, Penny McLean oder The Sweet. Das alles spiegelte sich auch in der Mode wieder. Ob Plateauschuhe, Schlaghosen oder der Minirock, alle waren bunt – in grellem Rot, Neongrün, Hellblau oder Lila. Am besten alles gemischt. Was das alles mit unseren Vintage-Uhren zu tun hat? Nun, eine ganze Menge!

Selbstverständlich werden auch Uhren durch die Mode beeinflusst. Immer wieder entstehen neue Uhrenmodelle, die ganz natürlich auf dem jeweiligen Modetrend basieren. Daher sind viele Uhren aus den späten 1960er- und den 1970er-Jahren bunt. Beispiele dazu liefern uns die Heuer Monaco oder Montreal, die Breitling Chrono-Matic, zahlreiche Modelle von Tissot, die Wakmann Regatta Yachting oder die Omega Seamaster Anakin Skywalker. In ihnen spiegelt sich die kreative Freiheit dieser Zeit wider und sie ist es auch, weshalb so viele Uhren dieser Tage heute begehrt sind und eine breite Käuferschicht ansprechen – sie sind schließlich wieder in Mode.

Bunt wie ihre Werbung: Vor allem in den 1970er-Jahren war auch bei den Uhren nahezu alles möglich. Ein Grund mehr, sie heute zu begehren. Bild: Tissot, 1971

James Bond-Uhren

Vintage Undercover-Zeitmesser

97

Erfreulicherweise werden Armbanduhren in zahlreichen Kino- oder TV-Filmen und -Serien thematisiert. In James-Bond-Filmen spielen sie jedoch eine ganz besondere Rolle. Seit dem ersten Bond-Streifen »James Bond – 007 jagt Dr. No« aus dem Jahr 1962 sind die Uhren des berühmtesten Geheimagenten aller Zeiten zudem ein Spiegel ihrer Entwicklung und des starken Einflusses der Mode. Auch werden in keinem anderen Movie die politischen Ereignisse zwischen den Geldgebern, den Produzenten und den Uhrenherstellern so deutlich. Heute sind Bond-Uhren natürlich gesuchte Sammlerstücke.

Virtuos setzte der Erfinder von James Bond, Ian Fleming, die Uhren am Handgelenk seines Geheimagenten, dessen Weggefährten, aber auch bei seinen Gegenspielern in Szene. Schon in »James Bond – 007 jagt Dr. No« kommt Bonds Rolex Submariner zum Einsatz, als er seinem Verbündeten, dem Fischer Quarrel, die Funktion des Geigerzählers an den radioaktiven

In »Leben und sterben lassen« trägt Roger Moore eine Rolex Submariner, Referenz 5513. Das Gadget: Ein starker Magnet rettet schließlich Bond und Jane Seymour als »Solitaire« das Leben. Bild: Picture Alliance

Indexen seiner Uhr vorführt. Von Gadgets zunächst noch keine Spur. Doch bald erhalten die Uhren erstaunliche Zusatzfunktionen: Ein Ergebnis der »Basteleien« des Waffenmeisters »Q«. So verfügt Bonds Uhr in »Feuerball«, ausnahmsweise eine Breitling, bereits über einen eingebauten Geigerzähler. Aber die Uhren von James Bond können mehr! So, wie sie über die vielen Jahre Marke sowie Gesichter wechseln, kommen immer neue Gadgets zum Vorschein: ein eingebauter Magnet, der sogar Pistolenkugeln ablenken oder die Lünette der Submariner als Kreissäge, mit der Bond seine Fesseln durchtrennen kann. Später besitzt Bonds Omega einen Laserstrahl, einen Fernzünder für Sprengsätze oder gar eine integrierte Sprengkapsel, die Bond das Leben rettet. Da wundert sich der Zuschauer auch nicht mehr über eine Art Enterhaken, mit dem sich Bond aus einer erneuten Notlage befreien kann. Unzählige technische Spielereien sind zum festen Bestandteil der Filme geworden. Das gilt natürlich auch für die Zeit zwischen 1973 und 1985, in der die Quarzkrise die alteingesessene Uhrenwelt schwer erschütterte. Den Anfang machte die Hamilton Pulsar P2 2900 LED in »Leben und sterben lassen« am Handgelenk von Roger Moore, die er allerdings nur kurz trug und sogleich wieder seine Submariner anlegte. Ab 1977 schließlich dominieren in immerhin fünf Filmen acht verschiedene Seiko-Uhren.

Aus Rolex wird Omega

Die immer wieder gestellte Frage, weshalb die Bindung zu Rolex beendet wurde und Bond nunmehr mit Omega ausgestattet wird, liegt zwar auf der Hand, wird jedoch nicht offen ausgesprochen. Hierzu muss man wissen, dass die beiden Firmen bis etwa Mitte der 1970er-Jahre nahezu gleichauf waren, Rolex dann aber davon galoppierte. Bis heute sind die Unternehmen aufgrund eines sehr ähnlichen Produktportfolios Mitbewerber. Aber in Anbetracht der restriktiven Vorgaben beider Häuser und den daraus resultierenden Folgen in den Juweliergeschäften wird deutlich, welch harter Konkurrenzkampf hier tobt. Rolex- und Omega-Uhren dürfen demzufolge nicht in einer Schaufensterfront nebeneinander liegen. Einige Juweliere wurden sogar vor die Wahl gestellt, sich für die Konzession einer Marke zu entscheiden. Auch wenn über die genauen Gründe für den Markenwechsel der Bond-Uhren geschwiegen wird, erwartet der Kinogänger auch in der Zukunft Uhren mit »überührlichen« Fähigkeiten. Und ja, es gibt tatsächlich Bond-Fans, die Uhren mit solchen Fähigkeiten nachfragen. Doch alle Bond-Uhren sind Einzelstücke, tatsächlich umgebaute, aus der Serie entnommene Modelle, deren Sonderfunktionen nur in Teilen tatsächlich funktionieren (können). Der Rest ist viel Fantasie, Andeutung

James Bond-Uhren

1962 »James Bond jagt Dr. No«, Sean Connery
Rolex Submariner, Ref. 6538
Grün Precision, Ref. 510
1963 »Liebesgrüße aus Moskau«, Sean Connery
Rolex Submariner, Ref. 6538
1964 »Goldfinger«, Sean Connery
Rolex Submariner, Ref. 6538
Rolex GMT-Master, Ref. 6542 (Pussy Galore)
1965 »Feuerball«, Sean Connery
Rolex Submariner, Ref. 6538
Breitling 806 Top Time Chronograph (modifiziert)
Breitling Navitimer, Ref. 806 (Francois Derval)
1967 »Man lebt nur zweimal«, Sean Connery
Grün Precision, Ref. 510
1969 »Im Geheimdienst ihrer Majestät«, George Lazenby
Rolex Submariner, Ref. 5513
Rolex Chronograph, Ref. 6238
1971 »Diamantenfieber«, Sean Connery
Rolex Submariner, Ref. 6538
Grün Precision, Ref. 510
1973 »Leben und sterben lassen«, Roger Moore
Hamilton Pulsar P2 2900 LED
Rolex Submariner, Ref. 5513
1974 »Der Mann mit dem goldenen Colt«, Roger Moore
Rolex Submariner, Ref. 5513
Rolex Cellini King Midas (Mr. Scaramanga)
1977 »Der Spion, der mich liebte«, Roger Moore
Seiko 0674 LC
Rolex Submariner, Ref. 5513
1979 »Moonraker – Streng geheim«, Roger Moore
Seiko SFX003 M354-5019 Memory Bank Calendar
1981 »In tödlicher Mission«, Roger Moore
Seiko 7549-7009
Seiko H357 Duo Display
1983 »Octopussy«, Roger Moore
Seiko G757 5020 Sports 100 LCD
1983 »Sag niemals nie«, Sean Connery, Neuverfilmung
Rolex wurde hier durch eine geheimnisumwobene schwarze Uhr ersetzt
1985 »Im Angesicht des Todes«, Roger Moore
Seiko Chronograph, Ref. SPR007
Seiko SPR007 7A28-7020

Seiko H558-500 SPW001
Rolex Datejust

1987 »Der Hauch des Todes«, Timothy Dalton
TAG Heuer Professional Night Diver, Ref. 980.031
Rolex Submariner, Ref. 16610

1989 »Lizenz zum Töten«, Timothy Dalton
Rolex Submariner, Ref. 16610

1995 »Golden Eye«, Pierce Brosnan
Omega Seamaster Professional 300M, Ref. 2541.80.00

1997 »Der Morgen stirbt nie«, Pierce Brosnan
Omega Seamaster Professional 300M, Ref. 2531.80.00
Pre-Vintage

1999 »Die Welt ist nicht genug«, Pierce Brosnan
Omega Seamaster Professional 300M, Ref. 2531.80.00

2002 »Stirb an einem anderen Tag«, Pierce Brosnan
Omega Seamaster Professional 300M, Ref. 2531.80.00

2006 »Casino Royale«, Daniel Craig
Omega Seamaster Professional 300M, Ref. 2220.80.00
Omega Seamaster Planet Ocean Big Size, Ref. 2900.50.91

2008 »Ein Quantum Trost«, Daniel Craig
Omega Seamaster Planet Ocean, Ref. 2201.50.00

2012 »Skyfall«, Daniel Craig
Omega Seamaster Aqua Terra 150M, Ref. 231.10.39.21.03.001
Omega Seamaster Planet Ocean, Ref. 232.30.42.21.01.004

2015 »Spectre«, Daniel Craig
Omega Seamaster »Spectre« Limited Edition, Ref. 233.32.41.21.01.001
Omega Seamaster Aqua Terra 150M, Ref. 231.10.42.21.03.003

2021 »Keine Zeit zu sterben«, Daniel Craig
Omega Seamaster Titan, Ref. 210.90.42.20.01.001
Swatch ²Q (Q)

und inzwischen längst Computersimulation. Die Vintage-Uhren aus den Bond-Filmen werden heute in Auktionen hoch, selten unter einer fünf- oder gar sechsstelligen Summe, gehandelt. Doch auch einfach nur die Referenzen aus den jeweiligen Filmen sind bereits gesuchte Modelle, die hohe Preise erzielen, tragen sie doch das »Bond-Gen« in sich. Übrigens: Zwischenzeitlich hat Omega mit ihren Bond-Auftritten Rolex beinahe eingeholt. Am Handgelenk von Bond taucht Rolex 13 Mal auf, weitere finden sich an den Armen von Pussy Galore und Mr. Scaramanga. Nach Omega folgen Seiko, Grün, Breitling – und TAG Heuer sowie eine Swatch mit jeweils einem Auftritt.

Russian vintage …

… dank Know-how-Transfer aus den USA

98

Vintage-Uhren aus Russland bilden eine interessante Nische für Sammler. Sie erlauben vor allem einen günstigen Einstieg in die Welt der Vintage-Flieger- und Taucheruhren. Ihre mechanischen Kaliber sind robust, ihr Erscheinungsbild teilweise gewöhnungsbedürftig, exotisch, aber auch klassisch. Besonderheiten bieten vor allem Uhren aus der Produktion vor der offiziellen Auflösung der Sowjetunion im Jahr 1991.

Ihre Geschichte lässt sich bis in die Mitte der 1920er-Jahre zurückverfolgen. Mit dem »Beschluss der Bildung einer Uhrenindustrie« wollte die sowjetische Regierung ihre Unabhängigkeit erreichen und zugleich die

Ein Poljot-Fliegerchronograph um 1990 im Edelstahlgehäuse mit dem klassischen Poljot-Handaufzugs-Chronographen-Kaliber 3133, 23 Steinen, Stoßsicherung und etwa 48 Stunden Gangautonomie. Viele dieser Uhren sind noch neu oder neuwertig erhalten. Bild: www.poljot24.de

Raketa-Armbanduhren werden seit 1961 in Peterhof, einem Stadtteil Sankt Petersburgs, von der Uhrenfabrik Petrodworez produziert. Diese Dress Watch mit Handaufzugswerk und goldenem Zifferblatt wurde etwa 1988 hergestellt. Bild: www.poljot24.de

Uhrenproduktion ankurbeln. Die Schweiz verweigerte eine Unterstützung dieses Vorhabens. Doch ein anderes Schicksal spielte der UdSSR in die Hände. Die Dueber-Hampden Watch Co. aus Canton, Ohio, galt als veraltet und sollte veräußert werden. Über eine Außenhandelsvertretung der UdSSR in New York konnte das Unternehmen günstig erworben und schließlich 1930 in die Sowjetunion verschifft werden. Im Handel inbegriffen war ein Know-how-Transfer. Dazu siedelten Mitarbeiter von Dueber-Hampden Watch Co. mit um und gaben ihr Wissen über die Uhrmacherkunst an Poljot, die Erste Staatliche Uhrenfabrik Moskau weiter. 1932 wurden erste Uhrwerke produziert, nur wenige Jahre später erreichte der Produktionsausstoß bereits fast eine halbe Million Uhren pro Jahr.

Nach dem Zweiten Weltkrieg bediente sich der Inhaber der sowjetischen Besatzungszone an den Maschinen und Werkzeugen aus Glashütte. Ihrer Arbeitsgrundlage beraubt, folgten sogar einige Uhrmacher nach Russland. In der Quarzkrise wurden auch Maschinen zur Produktion von Uhren und Uhrenteilen aus der Schweiz an die Sowjetunion verkauft. Viele der russischen Uhren wurden daher auf Werkzeugmaschinen der Schweiz oder auf den Produktionsanlagen aus Glashütte gefertigt. Zwischenzeitlich ist die Vielfalt der Marken bis auf einige wenige zusammengeschrumpft. Das Preisniveau russischer Uhren beginnt in einigen Fällen sogar bei etwa 50 Euro.

Vintage-Zubehör

99

Grenzenlose Sammelgebiete

Auch das Umfeld von Vintage-Uhren kann ein interessantes Sammelgebiet darstellen. Im Wesentlichen, um ein Set zu vervollständigen oder damit den Wert einer Sammler- oder Anlageuhr zu steigern. Hinzu kommen Artikel, die vielleicht nicht gleich auf den ersten Blick einen Nutzen erkennen lassen, aber dennoch viel Freude bereiten können. Tatsächlich gibt es beispielsweise Sammler von Vintage-Uhrenboxen, die noch nie eine dazu passende Uhr besessen haben. Andere hingegen finden an Lederbändern so viel Freude, dass sie diese in unterschiedlichen Farben und Breiten von verschiedenen Herstellerfirmen sammeln. Neben diesem Uhrenzubehör gilt auch den Utensilien aus der Welt der Werbeartikel eine große Aufmerksamkeit. Sie gab es als Dank für einen Einkauf bereits in den 1950er-Jahren. Auch dienten sie dazu, Kunden an einen Händler zu binden. In der Zeit des Zigarettenkonsums kamen Aschenbecher oder Feuerzeuge mit einem Firmenlogo von Uhrenherstellern gut an. Hinzu kommen Rolex-Zuckerlöffel, Stifte, Kalender, Reinigungstücher, Reiseetuis, Prospekte sowie Kataloge – oder mit etwas Glück ein Ersatzband.

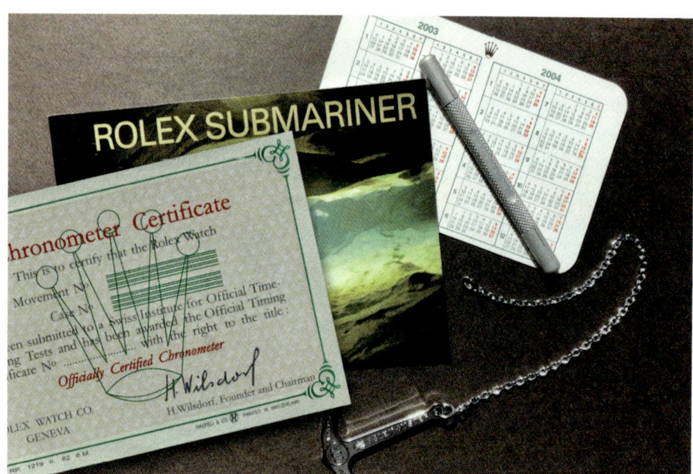

Nicht nur aus Erinnerungsgründen ist das Zubehör der Vintage-Uhren gesucht. Vor allem zur Ergänzung der Sammleruhr sind diese Utensilien begehrt. Bild: Stefan Friesenegger

100

Uhr unter Beschuss

Ein Glücksbringer im Feld

Als mein Vater in den Krieg einberufen wurde, nahm er seine Armbanduhr, ein Geschenk seiner Eltern, mit. Fern der Heimat explodierte in seiner Nähe eine Granate, deren Druckwelle ihn zu Boden warf. Von einem Schrapnell am Bein schwer verwundet, wurde er in ein Lazarett gebracht. Frisch verbunden und wieder bei sich, blickte er auf seine Uhr und musste feststellen, dass ihr Glas fehlte. Bei dem Granateinschlag hatte er einen Schlag am Handgelenk verspürt, genaueres ging jedoch in den Wirren unter.

Später sandte er die glaslose Uhr nach Hause zu seinem Vater und bat ihn, die Uhr bis nach dem Krieg aufzubewahren. Als seine Verwundung es wieder zuließ, musste er zurück ins Feld. Gegen Ende des Krieges befand er sich, erneut verletzt, in einer Kaserne, als er eines Tages ein kleines Päckchen erhielt. Er öffnete es und staunte nicht schlecht: Sein Vater hatte jemanden gefunden, der seiner Uhr ein neues Glas eingesetzt hatte. Unter der Uhr lag eine Karte mit den Worten: »Als Erinnerung an Zuhause. Denk immer an die Zeit, wenn Du wieder heim kommst!« Die Uhr trug mein Vater noch, als ich bereits berufstätig war.

In diesem Päckchen erhielt mein Vater seine reparierte Armbanduhr im Krieg zurück. Den Karton hob er als Erinnerung bis zu seinem Tod auf.
Bild: Stefan Friesenegger

Zurück in die Zukunft

Mit den besten Wünschen!

101

Der Markt mit Uhren aus Vorbesitz, der naturgemäß Vintage-Uhren inkludiert, boomt weltweit. Auch wenn der asiatische Raum etwas zurückhaltender ist, wird hier ebenfalls mit Vintage-Uhren gehandelt. Ein Markt also, der aktuell kaum Sorgen bereitet. Mit dem Einbruch der Corona-Pandemie wurde die Schweizer Uhrenindustrie jedoch stark in Mitleidenschaft gezogen. Monatelange Zwangsschließungen bei den Herstellern und Juweliergeschäften sowie das vollständige Versiegen des globalen Tourismus förderten die Disruption und lösten im Corona-Jahr 2020 einen starken Einbruch im Absatzmarkt aus. Mit einer Verlagerung des Absatzmarktes in eine andere Region war nicht zu rechnen. Doch nach erneuter Öffnung der Juweliergeschäfte kletterten die Verkaufszahlen wieder nach oben. Auch wenn das Tief durch das Ausbleiben der zahlungskräftigen Kunden aus China nicht ausgeglichen werden konnte, machte einen Teil die lokale Kundschaft wieder wett. Inzwischen hat der Absatzmarkt wieder sein Vorkrisenniveau erreicht und es beinahe noch übertroffen. Das Geschäft boomt – vor allem im Luxussegment. Billig hat kaum noch eine Chance. Hier gilt die Devise: je teurer, desto besser! Eine regelrechte »Geldschwemme« ist auf das Reiseverbot und das lange Eingesperrtsein zurückzuführen. Es fehlte einfach die Möglichkeit, Geld auszugeben. Nach ersten Lockerungen sahen sich viele veranlasst, sich etwas Gutes zu tun. Das führte vor allem auf dem Sekundärmarkt zu einem exponentiellen Anstieg der Preise. In bestimmten Bereichen schien es bis auf kleinere Preiskorrekturen keine Grenzen mehr zu geben. Allen voran natürlich bei den üblichen Dauerbrennern. Dieser Nachholkonsum ist jedoch gefährlich, könnte es sich doch um eine Blase handeln, die schließlich platzen und die Preise wieder deutlich fallen lassen könnte.

Die Zukunft der Vintage-Uhren

Spannend ist nunmehr die Frage, wie sich Vintage-Uhren entwickeln werden und ob es auch in der Zukunft Interessenten dafür gibt. Die Uhrenbranche ist im Wesentlichen von Emotionen, den gesellschaftlichen Verhältnissen, der wirtschaftlichen Situation und der Mode abhängig. Diese Faktoren sind der Indikator für den Fortbestand sowie die Entwicklung der Nachfrage. Damit wird deutlich, wie unsicher Prognosen sind, vor allem über einen längeren Zeitraum. Aus dem bisherigen Verhalten der

Viele Vintage-Uhren oder Neuuhren sind so begehrt, dass sie meist nur zu überteuerten Preisen zu haben sind. Hier stellt sich die Frage, wie das in ferner Zukunft aussehen wird. Bild: venzin+bühler fotografen

Interessenten lassen sich jedoch Rückschlüsse ableiten, die eine positive Vorhersage erlauben. Gewiss wird es auch weiterhin Sammler für Vintage-Uhren geben. Welche Uhren jedoch in zwanzig Jahren begehrt sein werden und welche Preise sie dann erzielen, kann nur schwerlich korrekt beantwortet werden. Das gilt vor allem für das Thema »Anlageuhren«. Sollte sich aber an unseren heutigen Wertvorstellungen auch in der Zukunft nichts ändern, werden aller Wahrscheinlichkeit nach weiterhin viele der heute begehrten Uhren ihren Wert behalten und unsere heutigen Neuuhren in zwanzig Jahren ebenfalls zu Vintage-Uhren geworden sein. Eines Tages werden auch Smartwatches ihren Platz unter den Vintage-Uhren finden. Wer tatsächlich nach konkreten Empfehlungen sucht, kann sich nur auf die Erfahrungen aus den Ereignissen der Vergangenheit und etwas Glück verlassen. In den kommenden zwanzig Jahren kann schließlich viel passieren. Etablierte Marken werden jedoch weiterhin Bestand haben, für kleinere wird es deutlich schwerer werden. Eines kann jedoch verlässlich prognostiziert werden: Wer Armbanduhren ehrlich liebt, wird das auch in zwanzig Jahren noch tun.

Eine Rolex Daytona »Big Eye«, Referenz 6265, am Handgelenk zieht zwangsläufig Blicke an! Bild: © Bulang and Sons

Quellenangaben

A Collected Man | London, England | www.acollectedman.com
Beyer Chronometrie AG | Seit 1760 – Uhren & Juwelen | Zürich, Schweiz | www.beyer-ch.com
Bucherer AG | Lucerne, Schweiz | www.bucherer.com
Bert Buijsrogge | Rotterdam, Niederlande | www.fratello.com
Bulang and Sons | Finest watches and lifestyle | Heerlen, Niederlande | www.bulangandsons.eu
Cartier | Compagnie Financière Richemont SA | www.cartier.com
CHRONEXT AG | Zug, Schweiz | www.chronext.com
Chrono24 GmbH | Karlsruhe | www.chrono24.com
Uhren-Blog CHRONONAUTIX.com
Dr. Helmut Crott Auktionen | Inh./Prop. Stefan Muser | Mannheim | www.uhren-muser.de
Deutsche Patek Philippe GmbH | München | www.patek.com
Deutsches Uhrenmuseum Glashütte | Glashütte/Sa. | www.uhrenmuseum-glashuette.com
Dreamwatch Uhrenhandel | Pfungstadt | www.dreamwatch.de
EBEL | www.movadogroup.com
Robert Haas Fotografie München
HDI, Haftpflichtverband der Deutschen Industrie | Generalagentur München | www.berater.hdi.de/blerim-ruhani
Max Württemberger / heartwork productions | Neuried | www.heartwork-productions.de
IWC Schaffhausen, Museum | Branch of Richemont International S.A. | Schaffhausen, Schweiz | www.iwc.com
Privater Uhrenvertrieb Julian Kampmann | München | www.poljot24.de
Kingston University | Kingston upon Thames, England | www.kingston.ac.uk
Luxury Watches Italia | Rimini, Italien | www.lwmitalia.com
»Man is not lost, Die Navigationsarmbanduhr Mark 11 und ihre Geschichte«, von Matthias Christian, Thomas König und Greg Steer
Uhrmachermeister Hans Mikl | Wien, Österreich | www.uhren-mikl.com
Miquel Schmuck & Uhren GmbH | Teuschnitz | www.uhren-miquel.de
MONOCHROME Watches | Maarsbergen, Niederlande | www.monochrome-watches.com

National Museum of the United States Navy | Washington, D.C., USA | www.history.navy.mil/content/history/museums/nmusn.html
Gerard Nijenbrinks | Editor & Photographer | Fratello Magazine | Den Haag, Niederlande | www.fratello.com
PHILLIPS | in Association with BACS & RUSSO | Genf, Schweiz | www.phillips.com
»DOUBLE SIGNED, A Celebration of the Finest Partnerships of Watch Manufacturers and Retailers« by PHILLIPS in Association with BACS & RUSSO | Genf, Schweiz | www.phillips.com
Sinn Spezialuhren GmbH | Frankfurt am Main | www.sinn.de
HERR STROHM – IDEE & INHALT | Bous | www.herrstrohmsuhrsachen.de
Subdial | London, Großbritannien | www.subdial.co
TAG Heuer | LVMH Watch & Jewelry Central Europe GmbH | Oberursel | www.tag-heuer.de
TIME+TIDE Watches | Hampton Victoria, Australien | www.timeandtidewatches.com
The Swatch Group (Deutschland) GmbH | Division Blancpain | Eschborn | www.blancpain.com
The Swatch Group (Deutschland) GmbH | Division Omega | Eschborn | www.omegawatches.com
The Swatch Group (Deutschland) GmbH | Division Tissot | Eschborn | www.tissotwatches.com
Uhrentresor/Switzerland bei Chrono24.com
Uhrgut Ferry Blaim e. U. | Nitzing, Österreich | www.uhrgut.at
University of Northampton | Northampton, England | www.northampton.ac.uk
Vacheron Constantin | Richemont Northern Europe GmbH | München | www.vacheron-constantin.com
venzin+bühler fotografen | Kriens, Schweiz | www.venzinbuehler.com
The Vintage Concept | Hongkong | www.thevintageconcept.com
VINTAGE-SINN-COLLECTOR | Bexbach | www.vintage-sinn-collector.de
Vintage Watch Story | www.vws.fr
www.watchcenter24.com
www.watchpool24.com – Exceptional Vintage Watches
Ernst Westphal e. K. | Deutscher Traditions-Fachgroßhandel für Feinuhrmacherei und Chronometrie, Hamburg | www.watchparts24.de
Zeitauktion GmbH | Chemnitz | www.zeitauktion.com

Auf den Punkt gebracht! Diese Werbung verweist bereits auf die Dynamik der Zeit: Uhren waren elegant, aber auch sportlich. Bild: © Omega

Impressum

Verantwortlich: Lothar Reiserer
Redaktion & Lektorat: Franka Virteburch
Korrektorat: Ralf J. Klumb | The Wordworms
Layout: BUCHFLINK Rüdiger Wagner

Repro: Cromika
Herstellung: Anna Katavic
Printed in Slovenia by Florjancic

Sind Sie mit diesem Titel zufrieden? Dann würden wir uns über Ihre Weiterempfehlung freuen. Erzählen Sie es im Freundeskreis, berichten Sie Ihrem Buchhändler oder bewerten Sie bei Ihrem nächsten Onlinekauf. Und wenn Sie Kritik, Korrekturen oder Aktualisierungen haben, freuen wir uns über Ihre Nachricht an GeraMond Media, Postfach 40 02 09, D-80702 München oder per E-Mail an lektorat@verlagshaus.de.

Unser komplettes Programm finden Sie unter www.geramond.de

Alle Angaben dieses Werkes wurden vom Autor sorgfältig recherchiert und auf den neuesten Stand gebracht sowie vom Verlag geprüft. Für die Richtigkeit der Angaben kann jedoch keine Haftung übernommen werden, weshalb die Nutzung auf eigene Gefahr erfolgt.

In diesem Buch wird aus Gründen der besseren Lesbarkeit das generische Maskulinum verwendet. Weibliche und anderweitige Geschlechteridentitäten werden dabei ausdrücklich mitgemeint, soweit es für die Aussage erforderlich ist.

Die Deutsche Nationalbibliothek verzeichnet diese Publikation in der Deutschen Nationalbibliografie; detaillierte bibliografische Daten sind im Internet über http://dnb.d-nb.de abrufbar.

Abbildungen auf dem Umschlag: Nautilus, Referenz 3700/1A. Bild: Patek Philippe (Umschlagvorderseite); Nautilus Kork-Box aus dem Jahr 1977. Bild: Auktionen Dr. Crott; Shutterstock/ NatalyFox (Hintergrundbild)

ISBN 978-3-96453-314-2